Helmut Veil

Geistesblitz und kühne Vermutung

Helmut Veil

Geistesblitz und kühne Vermutung

Eine historische Studie zur Spekulation in den Naturwissenschaften

Ptolemäus, Cusanus, Fracastorius, Stahl, Yukawa

Bibliografische Information Der Deutschen Bibliothek

Die Deutsche Bibliothek verzeichnet diese Publikation in der Deutschen Nationalbibliografie; detaillierte bibliografische Daten sind im Internet über http://dnb.ddb.de abrufbar.

Frankfurt am Main
www.humanities-online.de

Erste Auflage 2010
ISBN 978-3-941743-08-3

Gesetzt aus der Stempel Garamond
Umschlaggestaltung: Uwe Adam, Bruchköbel
Printed in Germany

Dieses Buch ist auch als E-Book erhältlich:
www.humanities-online.de

Inhalt

Vorwort

Naturwissenschaftler bewegen sich heute nicht mehr auf einem Terrain, dessen Grenzen eindeutig durch Wissen und Nichtwissen abgesteckt sind. Sie sind mit ihren Schlussfolgerungen vorsichtig geworden, die sie aus den Ergebnissen ihrer Beobachtungen und Experimente ziehen, wenn sie die Natur genötigt, sie auf die Folter gespannt oder gar verstümmelt haben, um ihr verborgene Zusammenhänge zu entlocken. Die Antworten, die die Natur auf Befragen gibt, haben an Trennschärfe verloren, obwohl die Messgenauigkeit zugenommen hat. Goethes eindeutiges »Ja! ja! Nein! nein! Alles Übrige ist vom Übel« ist längst Einsteins »Vielleicht« gewichen. Es herrscht die Vermutung über die Gewissheit.

Und doch haben Goethe und Einstein, beides produktive spekulative Geister, einen gemeinsamen Kern, der sie mit den Ursprüngen der Geschichte der Naturwissenschaften verbindet. Goethe, der Naturalist, lehnte jedes Untersuchungsinstrument einschließlich des harmlosen Prismas zur Zerlegung des Lichts ab und phantasierte sich aus der unbewaffneten Versenkung in Details durch »anschauende Urteilskraft« in das Naturganze hinauf. Einstein, der theoretische Physiker, schweißte in Gedankenexperimenten Physik und Mathematik zusammen und verschrieb der Natur allgemeine Gesetze. Beide aber jonglierten mit den gleichen Bällen, sie spielten mit Ideen, um die Wirklichkeit zu erfassen und ihre sichtbare Oberfläche zu durchdringen.

Es ist ein Spiel, das seit zweieinhalbtausend Jahren wissenschaftlich betrieben wird. Charles Darwin hat seinen anhaltenden Erfolg in einem Brief an Alfred Russel Wallace am 22.12.1857 auf eine kurze Formel gebracht: »Ohne Spekulation gibt es keine neue Beobachtung«. Darwins Spekulation ist nicht die des Kirchenvaters Augustinus, der sie als Selbstbespiegelung des Menschen in Gott verstanden hat. Für Darwin ist Spekulation ein der Erfahrung vorausgehendes und sie begleitendes Denken in Ideen, die Scheuklappen des Sehens zu beseitigen hilft. Seit den Griechen steuert die spekulative Idee die Perspektive wissenschaftlichen Arbeitens, sie erfindet die Begriffe, mit denen wir die Natur erklären, und sie konstruiert das Bild, das wir von ihr zeichnen. Die Spekulation war über alle inhaltlichen Veränderungen und wissenschaftlichen Revolutionen hinweg ihre heimliche – oder von Mechanisten und Materialisten bewusst verheimlichte – Triebkraft. Die Naturwissenschaftler selbst haben sich eher beiläufig zur Rolle der Spekulation in ihrer Arbeit geäußert, auffallend häufig sind es die Begründer der modernen, besonders exakt messenden und rechnenden Physik.

Zur Methode und Rolle der Spekulation hat Kant durch Untersuchungen auch des wissenschaftlichen Denkprozesses in der »Kritik der reinen Vernunft« einiges beigesteuert, vor allem das Überflugverbot des spekulativen Denkens über die Grenzen möglicher Erfahrung hinaus. Kant gewichtet das Verhältnis von Idee und ihrem empirischem Gebrauch, in dem die wissenschaftliche Spekulation oszilliert. Descartes dagegen ist der selbstbewusste Architekt einer spekulierten Weltmaschine, der sich keinerlei Hemmungen auferlegt, wenn man von einer nur rhetorisch gemeinten Entschuldigung vor Gott für seine willkürlichen Fiktionen absieht. Die »Prinzipien der Philosophie« sind Spekulation als Programm.

Descartes bewegt sich mit den »Prinzipien« haarscharf an der Grenze dessen, was noch als wissenschaftliche Spekulation gelten kann oder schon als übersprudelnde Phantasie gewertet werden muss. Darüber lässt sich trefflich streiten. Denn Descartes erfüllt durchaus das, was Kant von den Wissenschaften verlangt: architektonische Einheit. Ein anderes Kriterium, das die wissenschaftliche Spekulation von der alltäglichen unterscheidet, erfüllt er jedoch nicht oder ganz unzureichend: die Überprüfung seiner Ideen an der Wirklichkeit. Er bleibt in den »Prinzipien« unter seinen eigenen und den Möglichkeiten seiner Zeit, die mit der Mathematisierung der Physik begonnen hat, die spekulative Beliebigkeit von Zusammenhängen zu beschneiden und einen berechenbaren Nachweis oder zumindesten exakte Beobachtungsgrundlagen zu verlangen. Der entfesselte Gedankenflug alleine erzeugt jedenfalls keine wissenschaftliche Erkenntnis. Er muss sich trotz aller waghalsiger Manöver wieder auf dem Boden neu geordneter Tatsachen und konstruierter Zusammenhänge zur Landung zwingen, bevor er im erneuerten System einer Idee, in einer Theorie oder in Gott weiterleben kann. Das unterscheidet die wissenschaftliche Spekulation von der alltäglichen. Letztere darf überall landen oder sich die Freiheit nehmen, ins Blaue zu entschwinden.

Die hier vorgestellten historischen Beispiele erfüllen trotz der Spanne von zweitausend Jahren alle die Kriterien wissenschaftlicher Spekulation, obwohl sie aus ihrer Zeit heraus ganz unterschiedlich vorgehen. Es sind ihre Grundideen, die ihre feinverästelte Spekulation prägen und sie wieder in einen sicheren Hafen steuern. Das möchte ich anhand einiger besonders gut ausgearbeiteter Ergebnisse belegen.

Die Erklärungsversuche der Übertragung von Infektionskrankheiten durch das Contagion Giromola Fracastoros (1478 bis 1553) und der Verbrennung durch die Phlogistontheorie Georg Ernst Stahls (1660 bis 1734) zeigen den wissenschaftlichen Wert für die disziplinierende Kraft selbst überalterter Theorien. Sie boten eine Rückzugsmöglichkeit auf vermeintlich noch gesichertes Terrain, wenn neuen Beobachtungen auf neue Fragen ein theoretisches Kleid verpasst werden sollte. Fracastoro musste sich mit einem eingeschliffenen, in begrifflichen Spiegelfechtereien erstarrten und gedankenlos gebrauchten Erbe der Antike begnügen, das er mit seiner Idee des Contagions aus seinem dogmatischen Schlummer erweckte und praxistauglich machte. Stahl legte die antiken, mehr oder weniger platonisch oder aristotelisch eingefärbten Erklärungsmuster der Materie auf den Prüfstand seiner eigenen Phlogistonidee über die Wirkungsweise des Feuers und sortierte für die Praxis Unbrauchbares aus.

Ptolemäus (ca. 100 bis ca. 160) steht am Anfang der abendländischen Geschichte der Naturwissenschaften und hinterließ gleich ein nahezu perfekt durchgearbeitetes platonisches

Astronomieprogramm, das zum Vorbild für den Gebrauch der Mathematik zur Beschreibung von Naturvorgängen geworden ist. Er hat aber mit dem Äquanten zum Ausgleich der Abweichungen von kreisförmigen Planetenbewegungen ein fragwürdiges Element hinterlassen, das aus dem Rahmen seiner eigenen theoretischen Vorgaben fällt. Nach dem Urteil der Nachwelt hatte er sich zu weit vom Ideal des gleichförmigen Planetenumlaufs für die Rekonstruktion der göttlichen Sphärenharmonie entfernt und die Möglichkeiten der Geometrie allzu bedenkenlos als schlichtes Recheninstrument eingesetzt. Dieser nicht tolerierte Frevel an einer gottgegebenen Grundidee wurde jahrhundertelang zum Spekulationsobjekt arabischer und europäischer Astronomen, bis Kepler die elliptische Planetenbahn erkannte.

Cusanus (1401 bis 1464) erprobte seinen Glaubenseifer an einer mathematischen Spekulation über Gott und landete in zwei Unendlichkeiten: mit der Koinzidenz des Größten und Kleinsten ganz in der Nähe der Integralrechnung und jenseits aller Rechenkünste in der Unendlichkeit Gottes. Seine Ideen werden sich in ähnlicher Form bei Leibniz wiederfinden, der sie zu einem schlagkräftigen mathematischen Instrumentarium der neuen Naturwissenschaften ausbauen wird.

Der Atomphysiker Hideki Yukawa (1907 bis 1981) hatte die Idee eines Phantoms. Mit dem Meson hat er ein Teilchen theoretisch vorhergesagt, das in Wechselwirkung mit den Protonen des Atomkerns verhindert, dass der Kern auseinander fliegt. Sein Meson ist ein Beispiel dafür, wie erfolgreich in der Atomphysik ein spekulatives Denken in Analogien sein kann, wenn es sich mathematisch nach den theoretisch erforderlichen Notwendigkeiten experimenteller Überprüfung diszipliniert. Yukawas Phantom wurde später nachgewiesen.

Ich werde also den spekulativen Gehalt von zwei Ideen über den Gebrauch mathematischer Hilfskonstruktionen beschreiben und von drei weiteren über den Einsatz fiktiver Teilchen zur Erklärung der Interaktionen der Materie. Ihnen ist folgendes gemeinsam: Sie arbeiteten bei ihrer Erfindung mit ungedeckten Schecks und haben doch die Wissenschaft mit ihren zum Teil phantastischen Vermutungen vorangebracht, weil sie nicht ins Blaue hinein phantasierten. Ich will auf folgendes hinaus: Der menschliche Geist spekuliert immer und über alles Mögliche. Er verbindet Welterklärungen mit Götterszenarien, Blitzeinschläge mit Strafgerichten und Aktienkurse mit Heilserwartungen. Die wissenschaftliche Spekulation funktioniert anders. Sie verbindet Welterklärungen mit einem Wahrheitsanspruch, dessen Inhalt und Regeln sie selbst definiert, wie das Platon und nach ihm Aristoteles vorgeführt haben. Das schränkt die Zahl der erlaubten Gedankensprünge ein, diszipliniert das Denken nach logischen Regeln und richtet es auf ein Ziel, selbst wenn kühne Vermutungen den Rahmen erweitern oder sprengen. Wissenschaft braucht Unterschlupf, einen Standort, einen Hafen (Francis Bacon), der die Perspektive bestimmt und verhindert, dass der Wind aus allen Richtungen pfeift. Die Gebäude, die so lange Schutz vor ziellos vagabundierenden Gedanken geboten hatten, werden deshalb nur zögernd verlassen, wenn die Gedanken in unbekannte Gefilde entkommen waren. Ptolemäus hat Platon mit Leben erfüllt und den Äquanten als zukunftsträchtige Dissonanz hinterlassen, Cusanus hat Gott in der Mathematik erkannt, Fracastoro hat Aristoteles wieder praxistauglich gemacht und Stahl dem Feuer einen neuen Platz in alten Ideen zugewiesen. Yukawa hat die alte Elektrodynamik mit der Kernphysik zu einem Amalgam verschmolzen.

Vor diesen Ergebnissen liegt ein sich befreiendes Ringen aus den Verstrickungen gewohnter Gedankengänge und theoretischer Ruinen, ein assoziatives Herumtappen und Herumstöbern auf der Suche nach einem sicheren Standpunkt zwischen alter Erfahrung und neuer Idee und neuer Erfahrung und alter Idee, bis die einmal entfesselte Einbildungskraft den Wildwuchs halbgarer Gedankensplitter wieder zu einem genießbaren Ganzen komponiert. Wenn man nicht nur auf die Endprodukte starrt, lassen sich die Prozesse dieses Ringens um die eingeschlagenen Wege aus den Texten erschließen und in groben Zügen nachvollziehen.

In einer knappen Einführung geht es zunächst um die Frage, wie das phantasievolle freie Spiel der Mythen überhaupt zu dieser diszplinierten wissenschaftlichen Spekulation werden konnte.

Literatur

René Descartes, Die Prinzipien der Philosophie, Lateinisch-Deutsch. Hamburg 2005.

Immanuel Kant, Kritik der reinen Vernunft. Stuttgart 2009.

Ilya Prigogine and Isabelle Stengers, Order out of Chaos. Man's new dialogue with nature. London 1988.

Einführung
Die Geburt einer »Tradition der kühnen Vermutungen«

Die *wissenschaftliche* Spekulation begann mit einem Erschrecken. Die griechischen Vorsokratiker hatten festgestellt, dass Sinneseindrücke Trugbilder erzeugen, dass Begriffe in die Irre führen können und dass ihre allzu menschlich-chaotisch agierende Götterwelt die Regelhaftigkeit der Himmelserscheinungen nicht erklären kann. »Aber nichts wissen wir vom Sehen, denn in der Tiefe verborgen liegt die Wahrheit«, sagte Demokrit. Heraklit ging noch ein Stückchen weiter und schrieb wahres Wissen über eine verborgene Harmonie einer göttlichen Natur zu: »Die wahre Natur liebt es, sich zu verbergen. Eine verborgene Harmonie ist stärker als eine offenbare«. Und: »Es liegt nicht in der Natur oder im Charakter des Menschen, wahres Wissen zu besitzen; aber es liegt in der göttlichen Natur«. Dieses »wahre Wissen« bleibt dem Menschen letztlich verborgen, wie Xenophanes erklärt: »Selbst wenn es einem einst glückt, die vollkommene Wahrheit zu künden, wissen kann er sie nie: Es ist alles durchwebt von Vermutung«. Das bedeutet: dem Menschen bleibt nur der »Weg der Illusion«, der »Weg der trügerischen Meinung« (Parmenides) (alle zit. nach Popper 2006). Für Popper markiert dieses Bewusstwerden eines menschlichen Unvermögens treffend den Beginn einer »Tradition der kühnen Vermutungen«.

Die Philosophen saßen von nun an in einer vertrackten Falle: Was zu sehen ist, verbirgt das Wesentliche, und das Wesentliche bleibt in Gott verborgen. Sie versuchten, »einen indiskreten Einblick« (Blumenberg) in die Reflexion Gottes zu nehmen und als spekulierende Geister zu entkommen. Die innere »Schau des Göttlichen«, die Theorie, führte sie zu einer Idee, zu einem Bild des harmonischen Aufbaus der Welt, das sie mit der regellosen Überfülle der Erscheinungen in Einklang bringen mussten. Ihr abstrakter, dem menschlichen

Getriebe und den göttlichen Umtrieben entzogene Gott, war die wichtigste Voraussetzung für die Entfaltung der Dynamik ihrer Philosophie. Er disziplinierte Denken und Anschauung und lenkte ihre Spekulationen auf ein Ziel. Die hoffnungslos in menschliche Händel verstrickten alten Götter mit ihren an den Himmel geworfenen ausufernden Geschichten des menschlichen Alltags hatten die Phantasie beflügelt, ohne die Regelhaftigkeit des kosmischen Geschehens zu erklären.

Xenophanes bändigte die Mythen durch einen einzigen über der alten Götterwelt und den Menschen thronenden, regungslosen und denkenden Gott, durch einen, der nicht stiehlt, nicht umherwandert und nicht vergewaltigt:

> »Ein Gott ist der größte, allein unter Göttern und Menschen. Nicht an Gestalt den Sterblichen gleich, noch in seinen Gedanken. Stets am selben Ort verharrt er, ohne Bewegung, und es geziemt ihm auch nicht, bald hierhin, bald dorthin zu wandern. Müh'los regiert er das All allein durch sein Wissen und Wollen. Ganz ist er Sehen; ganz das Denken und Planen; und ganz ist er Hören«.

Ein Gehirn mit zwei Sinnesorganen, ein intellektueller Gott. Ein Gott, der Sphärenklänge hören konnte, deren Töne die Pythagoräer ihrer Musik auf Saiten mit Längen in bestimmtem ganzzahligem Verhältnis entnommen hatten, ein Gott, der in sich ruhend als unbewegter Beweger Natur und Kosmos plant und lenkt. Die starke Spannung zwischen dem positiven Pol einer göttlichen Harmonie und dem negativen eines weltlichen Chaos ließ von Platon bis Kepler einen Strom hinreißender Ideen fließen.

Platon war der Taktgeber und Entwerfer eines zweitausendjährigen Arbeitsprogramms, dem sich noch Kepler in seiner »Weltharmonik« von 1619 mit großem wissenschaftlichen Ernst widmete. Platons Vorgaben sind die Grundlage für die Entfaltung der einzigartigen wissenschaftlichen Dynamik des Abendlandes, die sonst keine andere Kultur aus sich heraus hervorgebracht hat. Ihr Muster bestimmte die Richtung der Spekulation über die Natur, ihre Elemente sind bis heute die

Essenz der wissenschaftlichen Methode geblieben. Sie war auch prägend für die Art des phantasievollen Umgangs mit Idee und Wirklichkeit im Denken der hier Vorgestellten: von Ptolemäus, Cusanus, Fracastorius, Stahl und Yukawa. Sie alle profitierten von der Abstraktion des Messens und der Unbrauchbarkeit der Oberfläche für das Erkennen des Wesens der Dinge, die Platon am Vorgehen der Vermesser im Liniengleichnis, an den Himmelserscheinungen mit einem »Entwurf für eine wahrhaft nützliche Astronomie« und an den Verwandlungen der Grundelemente Erde, Wasser, Luft und Feuer demonstriert hat.

Als »bunte Arbeit am Himmel« bezeichnet Platon die Unregelmäßigkeiten der Planetenbahnen und des Sonnen- und Mondumlaufs (Politea, 7. Kap). Man sieht die göttlichen Kreise nicht, die sie beschreiben müssten. Zwar seien die Gebilde am Himmel »im Sichtbaren gebildet«, sagt er, und »das beste und vollkommenste dieser Art«, aber einem Sternkundigen würden die Unregelmäßigkeiten nicht entgehen. Sie sind nicht vernünftig. »Also, sprach ich, um uns der Aufgabe zu bedienen, welche sie darbietet, wollen wir wie die Messkunde so auch die Sternkunde herbeiholen, was aber am Himmel ist, lassen, wenn es anders darum zu tun ist, wahrhaft der Sternenkunde uns befleißigend das von Natur Vernünftige in unserer Seele aus Unbrauchbarem brauchbar zu machen«. Die Denk- und Rechenaufgabe, das Unbrauchbare des Sichtbaren durch Nachdenken in das Brauchbare des Vernünftigen, in ideale Kreise, zu verwandeln, hat später Ptolemäus, »sich der Sternkunde befleißigend« so gründlich erledigt, dass seine Berechnungen und Vorhersagen fast eineinhalb Jahrtausende lang zur *praktischen* Richtschnur werden konnten.

Platon hat mit seinem Programm nicht »die Phänomene retten« wollen, wie ihm das seit einer Bemerkung des spätantiken Neuplatonikers Simplikios (490 bis 560) in einem Kommentar zu Aristoteles' »Über den Himmel« untergeschoben wird und die wahrscheinlich zuerst Aristarch ein Jahrhundert nach Platon gemacht hat. Im Gegenteil. Platon meinte, dass das, was am Himmel zu sehen ist, »weit hinter dem Wahrhaften« und hinter der »wahrhaften Zahl und allen wahrhaften Figuren«, mit der sich die Planeten bewegen, zurückbleibe, was eine Aufforderung ist, den Phänomenen auf die Sprünge zu helfen und nicht, sie retten zu wollen. Es handelt sich hier nicht um ein bloßes Missverständnis auf einem Nebenschauplatz, der vernachlässigt werden könnte, sondern es geht um den Kern dessen, was Platon unter Wissenschaft versteht und wie sie in der Folge auch verstanden wurde. In den Phänomenen war etwas »von Natur aus Vernünftiges« aufzuspüren, und das waren die seinem Kopf entsprungenen fünf »wahrhaften Figuren« mit dem Kreis und den aus Dreiecken konstruierten Körpern, und seine »wahrhaften Zahlen«, die Dreiecks-, Quadrat- und Fünfeckzahlen.

Es ist die gleiche Haltung, die schon bei Demokrit angeklungen war: Vom Sehen wissen wir nichts, die Wahrheit liegt in der Tiefe eines Brunnens. Sie muss nach Platon durch die Vernunft erschlossen werden. Für sein Astronomieprogramm bedeutet das: sternkundig werden, genau hinschauen, also »das, was am Himmel ist, lassen«, um in den exakt erfassten Erscheinungen das zuvor bekannte Wesentliche, die harmonischen Zahlenverhältnisse und den vollkommenen Kreis, entdecken zu können. Das Sichtbare wird neu konstruiert und ist danach nicht wiederzuerkennen und für das Auge unansehlich geworden. Das ist Wissenschaft. Sie macht aus der Verknüpfung von Sehen und Denken ein Durchschauen mit doppeltem Risiko: Das Sichtbare ist eine Täuschung und das Denken Spekulation mit der Täuschung. Ptolemäus hat ein grandioses Beispiel dafür gegeben, als er der bunten Arbeit am Himmel mit einer großen Zahl von Epizyklen, Hilfskreisen zur Beschreibung der Planetenbahnen, zu Leibe rückte. (Abbildung 1)

Die einmal etablierte Spannung zwischen Sichtbarem und Denkbarem war *der* Treibsatz für die abendländischen Wissenschaften. Platon hatte sie auch innerhalb der Mathematik aufgespürt und in seinem Liniengleichnis als Abstraktionsprozess dargestellt (6. Buch, Kap. 20). Er sah »Messkunst« und »Rechnungen«, die, so sein Vorwurf, als geometrische Figuren einfach wie »Bilder« aufgefasst würden, statt den Winkeln, Geraden und Ungeraden, den Vierecken und Diagonalen mit

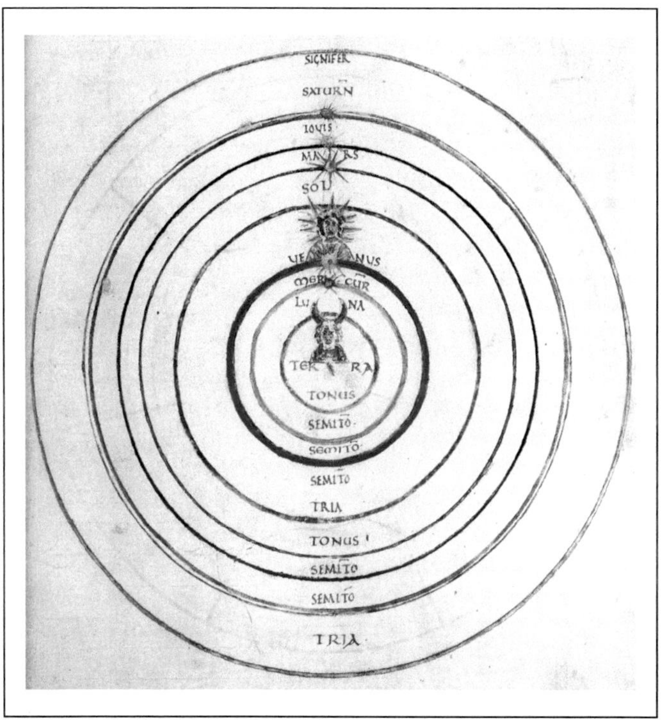

Abbildung 1: Sphärenharmonie wie sie Ptolemäus für eine siebensaitige Leier berechnet hat und wie sie von christlichen Autoren übernommen worden war. Gott war der »Archimusicus«, der auf der Leier der Sternkreise spielt. Im unteren Teil des Bildes sind die Tonintervalle der Sphären benannt: Von der Erde zum Mond ein ganzer Ton, vom Mond zum Merkur und vom Merkur zur Venus jeweils ein halber Ton, von der Venus zur Sonne drei halbe Töne, von der Sonne zum Mars ein ganzer Ton, vom Mars zu Jupiter drei ganze Töne.

»Verständnis« zu begegnen. Das Bild, das wir sehen, wird verachtet und wie das zerfließende Spiegelbild im Wasser als nie ganz fassbares Trugbild gewertet: »... dasjenige selbst, was sie nachbilden und abzeichnen, wovon es auch Schatten und Bilder im Wasser gibt, dessen bedienen sie sich zwar als Bilder, sie suchen aber immer jenes selbst zu erkennen, was man nicht anders sehen kann als mit dem Verständnis«. Die Verführung lag für ihn offensichtlich in der Zeichnung, und er verlangte die Abstraktion von der Darstellung, um dahinter die wirklichen Proportionen zu erkennen. Euklid und Archimedes werden rund einhundert Jahre später ihre Zeichnungen nachlässig ausführen, um im Gegensatz zu unseren Schulbuchkonstruktionen den Eindruck von sofort einleuchtenden, allzu offensichtlichen Ähnlichkeiten zu vermeiden. Die Wahrheit liegt hinter den Bildern. Man sieht sie nicht, man muss sie durch Denken erschließen und auf »Urbilder« zurückführen.

Von ihnen wird auch Kepler sprechen und sagen, dass er sie nicht brauche »zur Ausführung von Warenrechnungen, sondern zur Erforschung der Ursachen der Dinge« (Weltharmonik 1973, S. 16). Er hat die »Elemente« des Euklid durchweg als abstrakten Analyseapparat für höhere Einsichten verstanden und sich vehement gegen Mathematiker zur Wehr gesetzt, die aus ihnen einen »unförmigen Haufen von Sätzen« der Geometrie gemacht und sein wichtiges zehntes Buch über nicht zusammen messbare (inkommensurable) Größen als »dunkel« abgelehnt haben. »Hat sich aber der Geist hochsinnig so weit durchgerungen, dann erst wird er sich bewusst, dass er im Licht der Wahrheit wandelt; ein unglaubliches Entzücken erfasst ihn, und frohlockend durchschaut er hier aufs genaueste wie von einer hohen Warte aus die ganze Welt und alle Unterschiede ihrer Teile« (ebd., S. 14). Die selbstüberhöhende Wirkung einer Theorie kann man wohl kaum poetischer und treffender beschreiben, als das hier einer der größten spekulativen Geister der Geschichte der Naturwissenschaften gemacht hat. Kepler wird mit seiner Mathematik von der hohen Warte aus den astronomischen Phänomenen so lange verbissen rechnend und am Kreis festhaltend zusetzen, bis er gezwungen war, die göttlichen Kreise der Planetenbewegung den Ellipsen unterzuordnen, deren Sonderfall der Kreis ist, wenn die beiden Brennpunkte der Ellipse in einem einzigen zusammenfallen.

Die Anmaßung, von den Höhen der Mathematik nicht nur den Kosmos, sondern auch die Unterschiede aller seiner

Teile allein durch Nachdenken zu durchschauen, ist Platons Vermächtnis an die abendländischen Wissenschaften. Er hat das mit einem ganz konkreten Vorschlag über die Struktur der Materie selbst vorgemacht. Dieser entscheidende Schritt wird häufig nicht beachtet, weil man der Faszination der platonischen Körper erliegt und dabei vergisst, dass seine abstrahierende Geometrie nicht Selbstzweck war, sondern die täuschende Oberfläche der materiellen Welt durchdringen sollte. Sie war das ideelle Mittel zum praktischen Zweck, eine Waffe des von Gott inspirierten Verstandes gegen die Trugbilder, denen der Mensch sonst hilflos ausgeliefert wäre. In der *Anwendung* seiner Ideen auf die Wirklichkeit liegt der Ursprung der *naturwissenschaftlichen* Spekulation über die Welt und ihre Teile. Ohne diese Anwendung wären seine wahrhaften Figuren und Zahlen Spekulationen im abstrakten Raum des reinen Denkens geblieben. Platon jedoch verwendet die ideelle Spekulation, um über die Materie und ihre Eigenschaften zu spekulieren.

Seine Materie ist aus abstrakten Dreiecken zu unterschiedlichen geometrischen Körpern zusammengesetzt, die er im »Timaios« beschreibt (Abbildung 2). Ein Element lässt sich entlang dieser Körper nach geometrischen Regeln wieder in

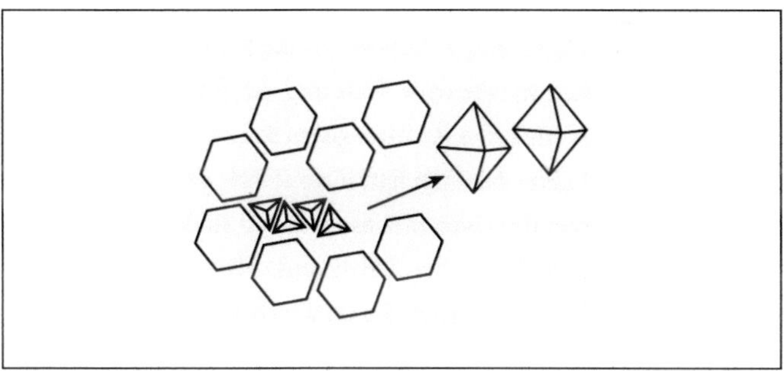

Abbildung 2: Platonische Chemie: Vier Tetraeder des Feuers zerfallen in Dreiecke und gruppieren sich zu zwei Oktaedern der Luft. Die Feuerteilchen werden von den Ikosaedern des Wassers komprimiert.

die Ursprungsdreiecke zerlegen und zu einem anderen mit neuen Qualitäten zusammenfügen. Die vier von Natur aus noch formlosen Grundstoffe Feuer, Erde, Wasser und Luft, die von einer »Amme des Werdens« in Bewegung gesetzt worden waren und die sich wie die Spreu vom Weizen nach ihrer Dichte und Schwere sortiert und ihren Ort gefunden hatten, werden mit dem ordnenden Eingeifen Gottes »durch Gestaltungen und Zahlen« aus dem Zusammentreten zweier Dreiecke (dem gleichschenkligen und dem rechtwinkligen) zu vier Grundstoffkörpern zusammengefügt. Feuer wird zum Tetraeder, Erde zum Würfel, Luft zum Oktaeder, Wasser zum Ikosaeder und das Weltall (später Äther) zum Dodekaeder. Sie lassen sich mit Hilfe einer »mathematischen Chemie« (Dijksterhuis 1956) ineinander umwandeln.

Platons Elemente bieten damit ein berechenbares Modell, darin vergleichbar den Atomphysikern, die aus ihren Berechnungen ein Atommodell ableiten. Beide Male handelt es sich um Strukturfragen der Materie, die mit den Mitteln der Mathematik das beschreiben, was nicht direkt sichtbar ist. Deshalb ist Platons Chemie als früher wissenschaftlicher Versuch zu werten, Abläufe im Naturgeschehen mathematisch zu verstehen. Sie ist ein Musterbeispiel der Verbindung von mathematischer Folgerichtigkeit mit spekulativem Einfallsreichtum, die bereits in dieser rudimentären Form die zukünftigen Schwierigkeiten der Physik, mit Hilfe der Mathematik zum Wesen der Materie vorzudringen, erahnen lässt.

Den ideal konstruierten Korpuskeln weist Platon »der richtigen wie auch wahrscheinlichen Ansicht zufolge« gestaltabhängige physikalische Eigenschaften zu. Diese raffinierte Verknüpfung von »richtig« und »wahrscheinlich« macht auch das Wahrscheinliche richtig und ist ein Freibrief für die Spekulation. Die folgende Einschränkung, »insofern es die Natur der Notwendigkeit willig und gehorsam gestattete«, lässt seine geometrisch konstruierte Materie in der göttlichen Ordnung aufgehen (Philebos 55c–56c). Die am wenigsten bewegliche Erde wird zum Würfel, das leichte Tetraeder aus vier Dreiecken passt zum Feuer, das Oktaeder aus acht Dreiecken wird zum Luftteilchen und das Ikosaeder aus zwanzig Dreiecken zum Wasserteilchen. Descartes wird der »Freiheit seiner Willkür« eine vergleichbare höhere Weihe verschaffen: »Die bloße Fiktionalität dieser Annahmen verhindert nicht, dass das, was aus ihnen hergeleitet wird, wahr und untrüglich sein kann« (Principia Philosophiae I, 40 und III, 47).

Kopernikus und zu Beginn auch Kepler blieben in diesem Zirkelschluss aus irdischer und göttlicher Mathematik gefangen. Sie dachten *in* ihm, nicht *gegen* ihn. Im Gegensatz zu seinem Konstrukteur Platon waren die folgenden Generationen von Denkern bis Descartes nicht mehr frei, den göttlichen Part mitzugestalten. Er war zur Glaubensgewissheit und hochgerüsteten Idee geworden. Ein solches »Ideenkleid« (Husserl) war nicht mehr leicht abzustreifen, die resultierende Nackheit angstbesetzt und von institutionalisierten Glaubenshütern bedroht. Daran konnte die Zunahme empirischer Kenntnisse allein wenig ändern, sie prallten ab an einer herausgehobenen gottgewollten kosmischen Harmonie, die einstmals menschlicher Mathematik entsprungen war. Die Ellipse am Himmel war ebenso wenig ein Gottesfrevel wie der Kreis ein göttlicher war.

Als man sich dessen bewusst geworden war, begann das Interim einer gottverlassenen Wissenschaftsgemeinde. Seit der späteren Renaissance kann man gut verfolgen, wie der Wegfall des spekulativen Ziels einer göttlichen Harmonie in wissenschaftliche Haltlosigkeit mündet und mit eklektischen Theorien die Bewertung von Erfahrungswissen schwammig, sprunghaft und zerfahren bleibt. Erst mit Newtons Gravitationstheorie wird sich wieder ein neuer Brennpunkt des Denkens etabliert haben. Sie war eine eindeutig *menschliche* Offenbarung und versprach dieseitigen Halt. Zu seiner Zeit begannen auch die Mathematik ihren Heiligenschein und das Unendliche durch Grenzwert- und Integralrechnung seinen transzendentalen Schrecken zu verlieren.

Die Theorie war damit aus der Schau des Göttlichen in das neue Korsett des isolierenden und die Materie traktierenden Experiments geschlüpft. Es war eine so gnadenlose Unterwerfung, dass kühn spekulierende Geister, die wie Goethe mit seiner Farbenlehre ohne das experimentelle Korrektiv auskommen zu können glaubten, bei den Physikern kläglich scheiterten. Diese unkontrollierte Art der Spekulation wurde von ihnen nicht mehr zugelassen. Eine andere jedoch wurde von Darwin hoch gelobt: Goethe hatte 1794 darauf hingewiesen, dass die Frage nicht lautet, *wozu* das Rind seine Hörner bekommen habe, sondern *wie*. Das war auch Darwins Ausgangspunkt für die »Die Entstehung der Arten« von 1859. Darin sagt er, gegen welche Theorie er spekulierte, um zu seinen neuen Beobachtungen zu kommen: »Nur wenige Naturforscher nahmen an, dass die Arten veränderlich und die heute lebenden Formen regelrechte Nachkommen früher vorhandener Formen seien«. Eine Entwicklung zu denken war die Voraussetzung dafür, eine Entwicklung zu sehen.

Literatur

Hans Blumenberg, Die Lesbarkeit der Welt. Frankfurt am Main 1983.

Charles Darwin, Die Enstehung der Arten. Stuttgart 1995.

E.J. Dijksterhuis, Die Mechanisierung des Weltbildes. Heidelberg 1956.

Edmund Husserl. Phänomenologie der Lebenswelt. Ausgewählte Texte II. Stuttgart 2002.

Johannes Kepler, Weltharmonik. Darmstadt 1973.

Jeanne Peiffer, Amy Dahan-Dalmedico, Wege und Irrwege. Eine Geschichte der Mathematik. Basel 1994.

André Pichot, Die Geburt der Wissenschaft. Von den Babyloniern zu den frühen Griechen. Köln 2000.

Karl R. Popper, Die Welt des Parmenides. Der Ursprung europäischen Denkens. München 2006.

Platon, Phaidon, Politeia. Hamburg 1988.

Platon, Politikos, Philebos, Timaios, Kritias. Hamburg 1987.

Ptolemäus

Abbildung 3: Claudius Ptolemäus (um 100 bis ca. 160 n. Chr.) in einem Phantasiebild des 16. Jahrhunderts.

Ptolemäus
Der Äquant und die Karriere eines Punktes

Das Verhältnis von ›scheinbar‹ und ›wirklich‹ ist in der Astronomie ein kniffliges Problem. Im Grunde genommen hatten die griechischen Philosophen und Astronomen recht, dem Anschein zu misstrauen. Denn das, was wir am Himmel mit bloßem Auge sehen, sind Scheinprojektionen einer in Wahrheit rotierenden Erde. Die Griechen hatten jedoch eine andere Vorstellung von Wahrheit, die dem Schein Wirklichkeit verleihen sollte. Sie haben die Wahrheit auf einen gottgefälligen Begriff gebracht, den sie im Kreis und in harmonischen Zahlenverhältnissen der Planetenbahnen gefunden zu haben glaubten. Claudius Ptolemäus aus Alexandria wird dieser Idee im 2. Jahrhundert n. Chr. in seinem »Handbuch der Astronomie«, dem seit den Arabern so genannten »Almagest« mathematischen Ausdruck verleihen:

> »Wenn wir uns die Aufgabe gestellt haben, auch für die fünf Wandelsterne, wie für die Sonne und den Mond, den Nachweis zu führen, dass ihre scheinbaren Anomalien alle vermöge *gleichförmiger Bewegungen auf Kreisen* zum Ausdruck gelangen, weil nur diese Bewegungen der Natur der göttlichen Wesen entsprechen, während Regellosigkeit und Ungleichförmigkeit ihnen fremd sind, so darf man wohl das glückliche Vollbringen eines solchen Vorhabens als eine Großtat bezeichnen, ja in Wahrheit als das Endziel der auf philosophischer Grundlage beruhenden mathematischen Wissenschaft.« (9. Buch, 2. Kap.).

Diese Großtat hat er vollbracht. Sie ist nur zu verstehen, wenn man nachvollzieht, was er mit bloßem Auge gesehen hat. Für einen heutigen Europäer ist das nicht leicht. Den meisten wurde die Nacht zum Tage, die Sterne bleiben in den lichtüberfluteten Städten und Dörfern weitgehend unsichtbar. Man braucht sie nicht mehr zur Orientierung und auch nicht zum Feststellen der der Zeit. Wir sind blind geworden vor lauter Licht. Theoretisch scheint die Sache dagegen klar: Die Sonne steht in der Mitte des Planetensystems und wird von innen nach außen von Merkur, Venus, Erde, Mars, Jupiter, Saturn, Uranus, Neptun und Pluto in einer elliptischen Bahn von Ost nach West umrundet. Aber so sieht man das nicht, wenn man den Sternenhimmel mit bloßem Auge betrachtet, und so hat es auch Ptolemäus vor 1900 Jahren nicht gesehen.

Man sieht den Fixsternhimmel sich annähernd einmal in 24 Stunden von Ost nach West um die unbewegliche Achse des Nord- oder Südpols drehen. Man sieht fünf Wandelsterne (Planeten, griechisch: irrend, umherschweifend), die sich nicht an den Umlauf des Himmels halten und eigene Bewegungen ausführen. Uranus, Neptun und Pluto wurden erst mit dem Teleskop entdeckt. Und man sieht im Jahreslauf, dass diese Sterne sich durch die Fixsterne hindurch nahe der jährlichen Bahnlinie der Sonne bewegen und manchmal rückwärts laufen und Schleifen bilden. Um dies zu erkennen, muss man aber schon kontinuierlich beobachten und die Orte wenigstens alle fünf Tage durch Winkelmessungen festhalten. Die Wandelsterne sind wegen ihrer auffallenden Helligkeit und ihres im Vergleich zu den flackernden Fixsternen ruhigem Licht relativ leicht auszumachen.

Noch etwas fällt bei genauerer Beobachtung auf: Im Laufe eines Jahres tauchen im Osten vor Sonnenaufgang immer neue Sterne auf, so als ob der Himmel sich schneller als die Sonne drehte. Tatsächlich bleibt die Sonne täglich um vier Minuten gegenüber dem Fixsternhimmel zurück. Der Sonnentag ist 24 Stunden, der Sterntag nur 23 Std. 56 Min. lang. Das summiert sich auf 24 Std. 20 Min. im Jahr, eine Zeit, in der die Sonne also scheinbar einmal den Tierkreis, gegen ihren Ost-West-Tageslauf, von West nach Ost durchläuft. Diese jährliche West-Ost-Bahn heißt Ekliptik. Sie ist gegenüber dem Himmelsäquator um ca. 23½ Grad geneigt, woraus die wechselnden Sonnenhöhen der Jahreszeiten resultieren. Ekliptik ist griechisch und heißt Finsternis, eine Bezeichnung, die gewählt wurde, weil nur dort, innerhalb dieses schiefen Kreises, Sonnen- und Mondfinsternisse stattfinden können, wenn der Mond in der Bahn der Sonne vor die Erde tritt oder in ihren Schatten gerät.

Und noch etwas war schon den Babyloniern und den Griechen aufgefallen: Die Jahreszeiten müssten eigentlich gleich lang sein, wenn man davon ausgeht, dass sich die Sonne gleichmäßig auf einem Kreis um den Mittelpunkt Erde dreht. Hipparch aber hatte im 2. Jahrhundert v. Chr. aus seinen Beobachtungsdaten für den Sommer 92,5 Tage, für den Herbst 88, den Winter 90 und das Frühjahr 94,5 Tage festgestellt. Das Sommerhalbjahr war mit 187 Tagen also deutlich länger als eine Jahreshälfte. Das bedeutete, dass die Sonne von der Erde aus gesehen im Sommer langsamer als im Winter läuft, was nach der reinen Lehre einer gleichförmigen Kreisbewegung der Himmelskörper nicht akzeptiert werden konnte. Hipparch sah sich daher gezwungen, die Erde etwas exzentrisch vom Mittelpunkt des Sonnenkreises zu platzieren. Die auf ihrem Kreis gleichförmig umlaufende Sonne wird sich für einen Beobachter auf der Erde dann umso langsamer bewegen, je weiter sie entfernt ist.

Die Griechen erlaubten sich also eine Zerlegung der einheitlichen Sonnenbahn in drei damals bekannte Komponenten: die erste war der tägliche 24-Stunden-Lauf von Ost nach West, die zweite der tägliche Rückwärtslauf von vier Minuten, somit der jährliche von 24 Stunden 20 Minuten von West nach Ost vor dem Fixsternhimmel, und die dritte das Auf- und Absteigen der Sonne mit den Jahreszeiten entlang der Ekliptik. Sie konnten dann jede Komponente für sich allein mit den Mitteln der Geometrie darstellen und miteinander kombinieren. Die exzentrische Bahn der Sonne blieb das Bezugssystem für die Bahn der Planeten, und die wichtigsten Beobachtungspunkte waren die, die sich eindeutig mit der Lage der Sonne in Beziehung setzen ließen: die Positionen der Planeten kurz vor Sonnenaufgang und kurz nach Sonnenuntergang, an den Frühlings- und Herbstpunkten der Ekliptik bei Tag- und

Nachtgleiche und an den Sommer- und Winterpunkten, dem längsten bzw. kürzesten Sonnentag. Deshalb legte Ptolemäus sehr großen Wert darauf, die Sonnenbahn möglichst exakt zu bestimmen und berechenbar zu machen.

Die im Jahresverlauf vor dem Fixsternhimmel zu beobachtenden, zeitweilig rückläufigen Planetenbewegungen (Abbildung 4), die aus ihren von der Erde abweichenden Umlaufzei-

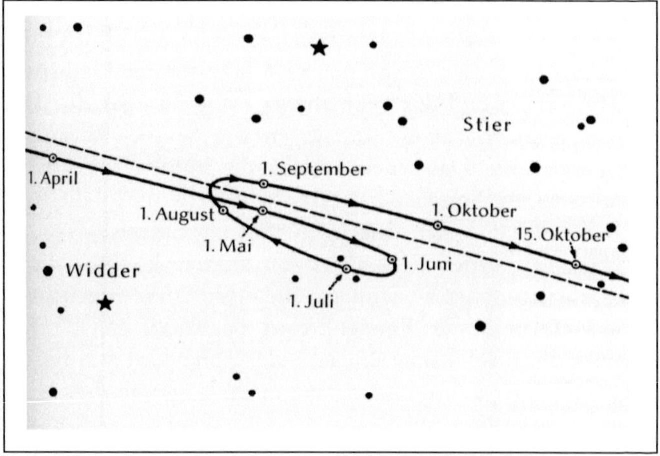

Abbildung 4: Die Schleifenbahn des Mars vor dem Fixsternhimmel im Verlauf einiger Monate

ten um die Sonne resultieren, hatten Apollonius ein Jahrhundert vor Ptolemäus auf die Idee gebracht, diese der vollkommenen Kreisbewegung zuwider laufenden Planetenbahnen mit Hilfskreisen (Epizyklen) so weit geometrisch anzunähern, dass sie der von der Erde aus an den Fixsternhimmel projizierten Ungleichförmigkeit Rechnung trugen (siehe Abbildungen 5 bis 8). Der Planet läuft dabei gleichförmig auf einem kleinen Kreis (Epizykel), der mit seinem Mittelpunkt auf dem Umfang eines größeren rotierenden Kreises (Deferent) fixiert ist, der die exzentrisch platzierte Erde umläuft. Dieses Grundmodell ließ sich variieren: Man konnte die Umlaufzeiten des Trägerkreises

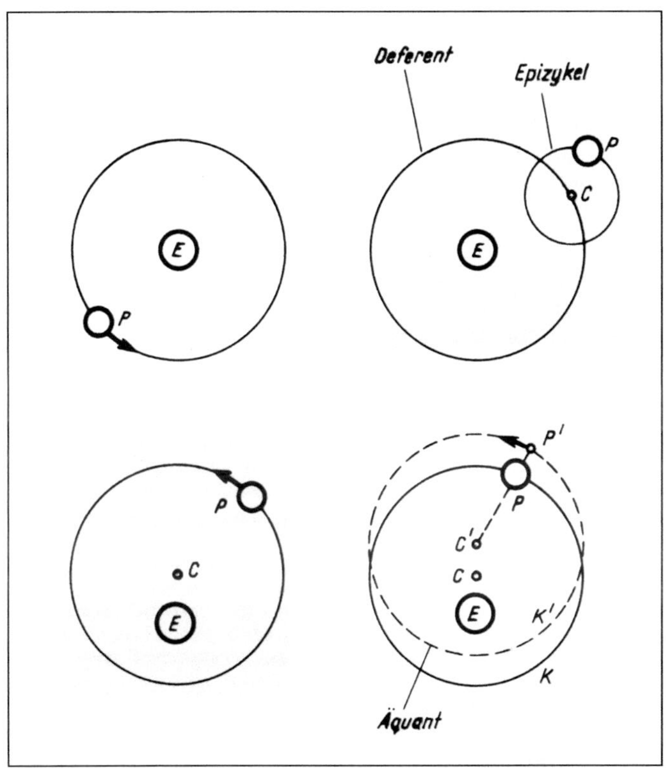

Abbildungen 5 bis 8: Die grundlegenden Bewegungsformen der Planeten, mit denen Ptolemäus versuchte, deren ungleichmäßigen Lauf vor dem Fixsternhimmel an die der göttlichen Vollkommenheit entsprechende kreisförmige Bahn anzunähern.
Von links nach rechts: Ideale Kreisbahn, Epizykel, Exzenter (die Erde ist nicht im Mittelpunkt des Trägerkreises), Äquant.
E = Erde, C = Zentrum des Trägerkreises (Deferent),
C' = Zentrum des Äquantenkreises, P = Planet

und des Epizykels unabhängig voneinander wählen, man konnte beide sich gleich schnell drehen oder sie gleich- oder gegensinnig umlaufen lassen. Dabei dreht sich der Trägerkreis immer von Ost nach West, während der Planet auf dem Epizykel nur die eine Hälfte seines Umlaufs in dieser Richtung absolviert, die andere jedoch von West nach Ost, so dass für einen Beobachter auf der Erde ein zeitweiser Rücklauf auf den Fixsternhimmel projiziert wird. Von der Erde aus gesehen laufen die Planeten so in ordentlicher Annäherung entlang der beobachteten Bahnen, tatsächlich aber, und das war die Intention der geometrischen Konstruktion, trugen sie aufgrund ihrer gleichförmigen Kreisbewegungen des Epizykels und des Trägerkreises den philosophischen und weltanschaulichen Vorgaben Rechnung. So jedenfalls sind die Äußerungen des Ptolemäus zu verstehen, die er im »Almagest« gemacht hat:

> »Die scheinbaren Anomalien, welche an den Umlaufsbewegungen wahrgenommen werden, treten lediglich ein als Folge der (wechselnden) Lagen und Stellungen der an den Sphären der Gestirne verlaufenden Kreise, auf denen sie ihre Bewegungen vollziehen. Keine Äußerung ihres Wesens, die mit ihrer ewigen Dauer unvereinbar wäre, kann bei der nur in der Vorstellung existierenden Regellosigkeit der Erscheinungen in Wirklichkeit zutage treten« (3. Buch, 3. Kap.).

Wieder und wieder betont Ptolemäus diese nur in der menschlichen Vorstellung vorhandene Regellosigkeit der Himmelserscheinungen, die zur ewigen Dauer ihres wahren Wesens im Widerspruch steht. Die Bahn jedes der bekannten Planeten, zu denen auch Sonne und Mond gezählt wurden, musste deshalb dem idealen Kreis angenähert werden. Ptolemäus hatte das richtige Verhältnis von Durchmesser des Trägerkreises und Durchmesser des Epizykels, der mit dem Planeten auf dem Trägerkreis läuft, zu bestimmen, den Exzenter der Erde in Bezug auf den Mittelpunkt des Trägerkreises festzulegen und anzugeben, auf welcher Position der Planet auf dem Epizykel den Kreislauf beginnen und mit welcher Winkelgeschwindigkeit und in welcher Richtung er auf dem Epizykel umlaufen musste. Dafür trug er alle zu seiner Zeit verfügbaren Daten aus Babylonien und Griechenland zusammen und führte für die wichtigen Positionsbestimmungen eigene Messungen durch.

Es spricht für die Genauigkeit seines Vorgehens, dass er sich mit dem Grundmodell von Deferent, Epizykel und Exzenter nicht zufrieden gab. Ihm war aus historischen Daten bekannt, dass die Frühlings- und Herbstpunkte (also die Punkte der Tag- und Nachtgleiche vor dem Fixsternhimmel, die die Lage der Sonnenbahnebene, der Ekliptik festlegen) nicht ewig stabil bleiben, sondern Veränderungen unterworfen sind – um nur rund ein Grad in 100 Jahren. Sie kommt durch eine langsame Kreiselbewegung der Erdachse zustande, die durch die Anziehungskraft von Sonne und Mond auf die Erde in Gang gehalten wird und die erst nach 25 700 Jahren wieder an ihren Ausgangspunkt zurückkehrt. Man nennt sie heute Präzession. Ein messender Beobachter kann die Präzession festellen, wenn er über viele Jahre die Sonnwendpunkte bestimmt, die die Ebene der Jahresumlaufbahn der Sonne festlegen, und jeweils an dem Tag, an dem die Sonne ihren erdfernsten Punkt erreicht, die Sehachse zum Himmelsnordpol verlängert. Dann sieht er, wie der erdferne Punkt langsam von den Wendepunkten aus in Richtung der Tierkreiszeichen fortschreitet (9. Buch, 5. Kap.). Denn wenn sich Frühlings- und Herbstpunkte verschieben, bedeutet das eine Lageänderung der Ebene der Sonnenbahn (Ekliptik) und damit der auf ihr senkrecht stehenden Achse. Sie weist dann auf andere Sterne, und es hat den Anschein, als schreitet der erdferne Punkt der Sonnenbahn, das Apogäum, »in Richtung der Zeichen« vorwärts. Die Zeichen sind die Fixsterne des Tierkreises, vor dem die Sonne umläuft.

Ptolemäus machte sich über diese im Jahreslauf minimale Abweichung von seinem Grundmodell Gedanken über ihre Auswirkung auf die verlangte gleichförmige Kreisbewegung der Planeten. Mit einem feststehenden Exzenter konnte er zwar die von der Erde aus beobachtete größere Geschwindigkeit der Planeten in größter Nähe zur Erde gegenüber der Geschwindigkeit in größter Entfernung bei allen Planetenbahnen vor dem Hintergrund der Fixsternsphäre abbilden und trotzdem die geometrische Fiktion einer gleichförmigen Bewegung des Planeten auf dem Epizykel aufrechterhalten, nicht aber bei diesem langsamen Vorwärtsschreiten der senkrecht auf der

Ekliptik stehende Achse durch die Tierkreiszeichen hindurch, die erst nach 25 700 Jahren wieder an ihren Ausgangspunkt zurückkehrt. Es war ein grundlegendes Problem, das bei allen Planetenbahnen veranschlagt werden musste, weil ja alle Bahnen von der kreiselnden Erde aus vor der Fixsternsphäre beobachtet werden und sich eine Bahnverlagerung der Erde natürlich auf die vom Beobachter vorgenommene Projektion der Planeten an den Himmel auswirkt.

Ptolemäus hatte also das Problem zu lösen, wie er die für die jährliche Umlaufbahn annähernd richtig gefundene Repräsentanz mit Exzenter und Epizykel, auf dem der Planet gleichförmig rotiert, mit den geringen Abweichungen der Präzession so kombinieren kann, dass die gleichförmige Rotation des Planeten auf dem Epizykel erhalten bleibt. Eine direkte Änderung am Exzenter-Epizykel-System hätte die annähernd korrekte jährliche Bahnbeschreibung zerstört. Er half sich mit einer zusätzlichen Annahme, die er nur beschreibt und die erst im 11. Jahrhundert, wahrscheinlich von dem aus Toledo stammenden arabischen Mathematiker und Astronomen al-Zarqali, *punctum aequans* – Äquant oder Ausgleichspunkt genannt wurde. In der Geschichte der Astronomie wird dieser aus drei selbstbewussten Fiktionen erschaffene Punkt eine herausragende Rolle spielen und entscheidende Impulse für unser heutiges Weltbild geben.

Ptolemäus plazierte den Ausgleichspunkt wie schon Erde, Epizykel und Exzenter auf der Apsidenlinie der Sonnenbahnebene, die den höchsten Sommerpunkt mit dem tiefsten Winterpunkt verbindet, und änderte an der Lage des Epizykels auf dem Trägerkreis und an der Lage des Exzenters nichts. Sie waren ja eine ordentliche Annäherung an die von der Erde aus beobachtete jährliche Planetenbahn. Beim Äquanten ging es dagegen nur um eine vergleichsweise geringe Korrektur einer Abweichung, die sich mit den damaligen Mitteln erst nach hundert Jahren bemerkbar gemacht hatte. Aber diese Abweichung war doch so groß, dass die Vorgabe einer gleichförmigen Kreisbewegung ohne Korrektur nicht erfüllt werden konnte. Ptolemäus richtete die Lage des Äquanten auf der Apsidenlinie so ein, dass der Planet auf dem Epizykel jetzt nur vom Äquanten aus gesehen gleichförmig rotiert.

Um die Wirkung des nach rein geometrischen Erfordernissen konstruierten Äquanten zu verstehen, sollte man sich immer wieder vor Augen führen, dass es darum geht, die Projektion der Bahnen der Planeten auf den Fixsternhimmel mit Hilfe gleichförmiger Kreisbewegungen abzubilden (Abbildung 9, S. 34). Diese Abbildung gelingt mit dem Äquanten aber nur unter Verletzung der gleichförmigen Kreisbewegung, wie sie vom Zentrum des Trägerkreises aus konstruiert worden war. Das wird deutlich, wenn man den Äquanten zum Mittelpunkt eines ebenso großen Kreises wie den des Trägerkreises macht und dessen Radius durch den Mittelpunkt des Epizykels hindurch bis auf dessen Umfang verlängert, der den Planeten trägt. Dann schneidet diese Sehachse des Äquanten seinen Kreisumfang in einem Punkt, der gleichförmig rotiert, aber den Umfang des Epizykels nicht mehr dort, wo der Planet vom Mittelpunkt des Trägerkreises aus gesehen eigentlich sein müsste. Ptolemäus hatte so den Äquanten zum Zentrum erhoben und den Mittelpunkt des Trägerkreises zum Exzenter degradiert, der keine gleichförmige Kreisbewegung mehr hervorbringen kann. Das war das ideologische Problem, mit dem sich die späteren Generationen von Astronomen herumgeschlagen haben. Von der Erde aus gesehen war es durch diese Operation jedoch möglich geworden, die minimalen Abweichungen der Planetenbahnen durch die Kreiselbewegung (Präzession) eingermaßen korrekt an den Fixsternhimmel zu projizieren.

Die Verlagerung der gleichförmigen Rotation aus dem Träger- in den Äquantenkreis war zwar eine nachträgliche Feinjustierung, um den göttlichen Vorgaben zu genügen, aber sie wurde von dogmatischen Puristen als eine allzu offensichtliche Willkür gewertet. Schon die islamischen Wissenschaftler waren nicht zufrieden mit dem Ausgleichspunkt. Er galt ihnen als unzulässiges Unterlaufen ihres von Aristoteles geerbten einfachen Sphärenmodells mit konzentrischen Kreisen um die Erde als Mittelpunkt, und sie arbeiteten an Ersatzhypothesen. Der aus dem Iran stammende Nasir ad-Din at-Tusi (1201 bis

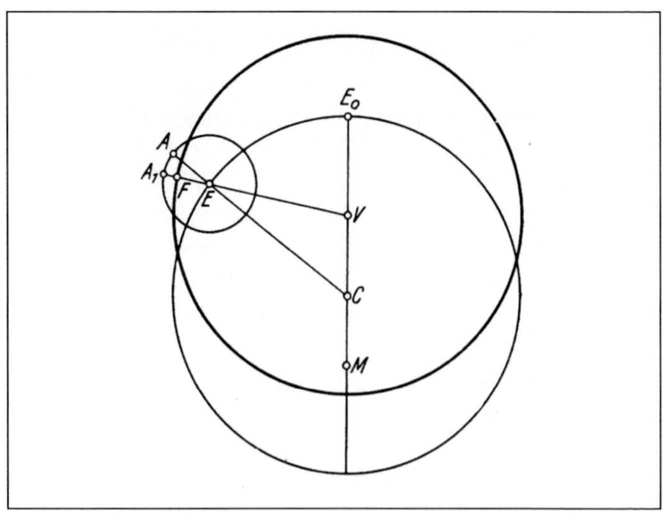

Abbildung 9: Die Wirkung des Äquanten. Vom Zentrum des Trägerkreises C aus gesehen verläuft die Bewegung des Planeten auf dem Epizykel gleichförmig. Der Planet befindet sich in A. Vom Zentrum des Äquantenkreises V aus gesehen befände er sich aber schon in A1, das heißt, er wäre schneller als die gleichförmige Bewegung gewesen. Nimmt man aber den Schnittpunkt F der Sehachse vom Zentrum V des Äquantenkreises als Referenz, dann läuft dieser Planetenpunkt auf dem Äquantenkreis gleichförmig um. Da die Projektion des Planeten auf den Fixsternhimmel für A1 dieselbe ist wie für F (man braucht nur die Sehachse über A1 hinaus zu verlängern), bliebe die Illusion eines gleichförmigen Umlaufs des Planeten erhalten, solange der Äquant V als Kreiszentrum fungiert. Der den Planeten tragende Epizykel ist dadurch zu einem rein geometrischen Hilfsmittel ohne materielle Substanz degradiert worden. Das war der Stein des Anstoßes.

1274) entdeckte mit seiner Gruppe, dass der Äquantenkreis sich durch einen an der Innenseite eines Großkreises laufenden, den Planeten tragenden Kreis mit halbem Radius ersetzen lässt, dessen Abrollbewegung eine geradlinige oszillierende Auf- und Abbewegung zwischen den Apsiden erzeugt (den erdnächsten und erdfernsten Punkten der Sonnenbahn), wenn

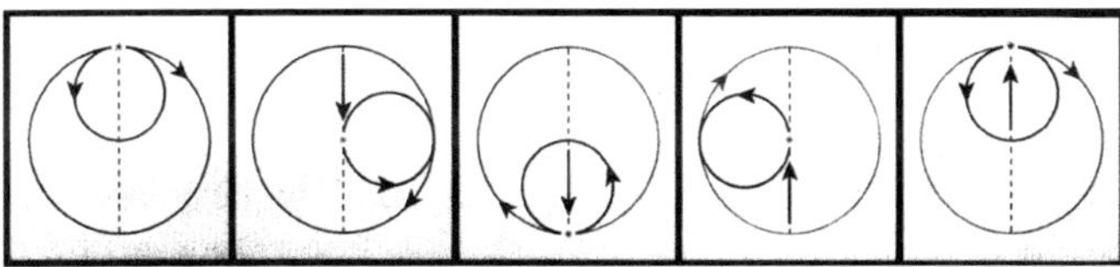

Abbildung 10: Tusi-Paar. Der Außenkreis rotiert in die eine Richtung, der von ihm getragene Innenkreis in die andere. Es entsteht eine lineare Bewegung des Planeten, mit der Nasir ad-Din at-Tusi im 13. Jahrhundert die Breitenbewegung der Planeten erklärte.

der innere Kreis in Gegenrichtung des äußeren rotiert (Abbildung 10). Diesem erst seit 1966 so genannten Tusi-Paar mussten dann nur noch zwei kleine Epizykel zugeordnet werden, um die Planetenbewegung zu beschreiben. Al-Shatir aus Damaskus (ca. 1304 bis 1375) entfernte Äquant und Exzenter aus seinem Modell und ersetzte sie durch viele kleine Epizykel.

Auch Kopernikus war aus den genannten Gründen mit dem Äquanten nicht zufrieden und benutzte teilweise arabische Vorgaben. Deshalb enthielt sein jetzt allerdings die Sonne im Mittelpunkt des Alls stationiertes Modell mit 55 Epizykeln mehr als das des Ptolemäus. Der Exzenter betraf jetzt die Sonne und war für jede Planetenbahn an unterschiedlichen Stellen platziert. Sein Modell war entgegen der landläufigen Meinung um keinen Deut weniger kompliziert als das des Ptolemäus, weshalb die Astronomen, wie der genau beobachtende und wohlinformierte Tycho Brahe, nicht mit fliegenden Fahnen überliefen und eigene Modelle vorschlugen.

Ptolemäus hatte den Äquanten in gleichem Abstand wie die Erde auf der gegenüberliegenden Seite des Trägerkreismittelpunktes auf der Apsidenlinie platziert und nicht von den viel feineren Möglichkeiten eines variablen Äquanten Gebrauch gemacht. Das wird erst Kepler in seiner »hypothesis vicaria« oder »stellvertretenden Hypothese« versuchen, um die komplizierte Bahn des Mars in den Griff zu bekommen, und in einer ungeheuren Energieleistung nach fünfjährigem Rechnen scheitern. Er fand in der Wirklichkeit der von Tycho Brahe sehr genau vermessenen Planetenbahnen keinen einzigen Raumpunkt, von dem aus die Planeten als gleichförmig auf einer Kreisbahn rotierend erscheinen. Aber die Arbeit war nicht umsonst. Sie führte ihn schließlich zur elliptischen Planetenbahn.

Der Äquant war eine der folgenreichsten mathematischen Hilfskonstruktionen in der Geschichte der Naturwissenschaften. Wenn man einmal Gott außen vor lässt und seine Vorgaben als schlichte Rechenanweisung betrachtet, ist gut das zukunftsweisende geometrische Verfahren der möglichst genauen Annäherung an eine vorgegebene Kurve zu erkennen. Wie in jeder uns bekannten mathematischen Rechenoperation waren die Ausgangsbedingungen klar definiert: Gegeben waren die Kurven der Planetenbahnen und gegeben waren die gleichförmig rotierenden Kreise als die erlaubten Mittel der Annäherung an diese Kurven. Ptolemäus hat diese Mittel weitgehend ausgeschöpft und seiner Arbeit bestimmt nicht zufällig den Titel »Mathematische Zusammenstellung« gegeben. Alle späteren Titel verdecken nur die ursprüngliche Absicht: ›Die große Zusammenstellung‹, ›Almagest‹, ›Astronomisches Handbuch‹.

Der Äquant war also keine Verletzung der mathematischen Regeln, sondern ihre konsequente Anwendung auf das Näherungsproblem, aber für einige war er eine Verletzung von Glaubensgrundsätzen. Physikalisch war er völlig wertlos, denn qualitativ stimmte an ihm gar nichts. Weder die wirkliche Umlaufgeschwindigkeit der Planeten, noch seine Position, noch der Standpunkt des Beobachters, noch die theoretische Voraussetzung, unter der er eingeführt wurde, und er behandelte die Planeten wie ein körperliches Nichts, wie einen x-beliebigen mathematischen Punkt. Stimmig war das mathematische Konzept einer Kurvenanäherung, das auch für andere als die Planetenbahnen gültig ist. Ptolemäus hat theoretisch überfrachtet, aber in der Durchführung schlicht vorgemacht, wie charakterlos der Gebrauch der Mathematik zur Beschreibung von Vorgängen in der Natur ist: Qualitative Aussagen sind unnötig, wenn man rechnet und mit dem Ergebnis Vorhersagen treffen kann. In diesem Fall genügte den Astronomen die Genauigkeit der Annäherung beinahe 1500 Jahre lang.

Aber vergessen wir nicht, dass am Anfang der ganzen Rechenoperationen eine mathematische Spekulation über Gott gestanden hatte. Ptolemäus hat das immer wieder betont und seine Methode an ihr gemessen. Die Spekulation war nur die eine Seite, die andere das genaue Erfassen der Planetenbahnen:

> »Was aber die für die Sonne und die anderen Gestirne erforderliche Bestimmung ihres jeweiligen Laufs anbelangt, für welche das Handbuch in Form spezieller Tabellen handliche und sozusagen zum Gebrauch fertige Unterlagen zu bieten hat, so sind wir zwar der Meinung, dass für den Mathematiker das Endziel seiner Aufgabe in dem Nachweis bestehen muss, dass die Erscheinungen am Himmel sich alle infolge gleichförmiger und auf Kreisen vor sich gehender Bewegungen vollziehen, indessen gehört unseres Erachtens zu diesem schwierigen Vorhaben als notwendige Beigabe unbedingt die Aufstellung von Tafeln, welche zunächst die Teilbeträge der *gleichförmigen* Bewegung *getrennt* zeigen von der scheinbaren *Anomalie*, die bei der Annahme von Kreisen eintritt, und dann wieder aus der Mischung und Vereinigung dieser beiden Bewegungen den Nachweis des *scheinbaren* Laufs der Gestirne ermöglichen« (3. Buch, 1. Kap., Hervorhebungen von Ptolemäus).

Es war nicht nur der scheinbar unregelmäßige Lauf der Planeten, der Ptolemäus zu schaffen machte, sondern auch die Anomalien, die bei seinen geometrischen Konstruktionsversuchen mit Hilfe der Kreise aufgetreten waren. Die hartnäckige Korrektur beider war erst durch präzise Bahnbestimmungen der Planeten möglich geworden. Der Äquant ist als näherungsweise Hilfskonstruktion dabei so legitim wie Epizykel und Exzenter. Erst die viel weniger geschmeidig vorgehende Nachwelt hat sich am Äquanten gestoßen und versucht, ihn loszuwerden. Das war nicht einfach, weil sie gezwungen war, sich mindestens so exakt an die gemessenen Positionen zu halten, wie das Ptolemäus getan hatte. Es waren dann auch die genaueren Messungen der Neuzeit, die seinem System den Todesstoß versetzt haben.

Dass sich die Sinnestäuschung durch die Erdrotation auflösen lässt, haben einige geahnt, aber nicht so zu Ende gerechnet wie Ptolemäus seine göttliche Harmonie. Für jemanden, der einfach glaubt, was er sieht, hätte es keinen Grund gegeben, ein solches Programm durchzuziehen. So wurde das sichere Wissen von gleichförmigen Kreisbewegungen, die das Wesen der vor- und rückwärts laufenden Planetenbahnen sein mussten, zu einem Programm der Annäherung an die spekulierte Wirklichkeit idealer Kreisbahnen, die der Wahrheit einer elliptischen Bahn, deren Sonderfall die Kreisbahnen sind, tatsächlich näher kommen als die sichtbare Erscheinung eines sich in Schleifen bewegenden Planeten wie die des Mars.

Ein verblüffendes Ergebnis. Die gesehene Schleife hat ein gedachter Kreis zu sein, der berechnet wird, und die Korrektur der Berechnung mit Hilfe der Kreise ergibt eine Ellipse, die auch nicht gesehen werden kann.

Die Zangengeburt der Wissenschaft war also die Frucht zweier Abweichungen vom göttlichen Wesen der Schöpfung. »Kopicen des Lebendigen, mit viel Irrthümern abgenommen«, fertige der Mensch in den von Herder übersetzten Worten Campanellas (zit. n. Blumenberg). Das ist der Irrtum der Empirie. »Philosophieren können sie alle, sehen keiner« wird Lichtenberg in seinen Sudelbüchern sagen, als er sich über den Mangel an Sehschärfe und Phantasie beim Ring und den fünf Trabanten des Saturn ausließ (E 368-1775) und hinzufügen, es sei »ein Licht dem Menschen vom Schöpfer aufgesteckt und vom Menschen in Katheder-Nacht eingehüllt«. Die Katheder-Nacht ist der irreführende theoretische Mantel aus verdunkelnden Ideen, der über die fehlerhaften Kopien gelegt wird und die Natur nach unserem Geschmack verfinstert. In diesem Dunkel erhofft sich der spekulierende Geist ein aufgehendes Licht, das die Nacht erhellt und ihm den Weg zum wahren Kern der Zusammenhänge weist.

Literatur

Hans Blumenberg, Die Lesbarkeit der Welt. Frankfurt am Main 1986.

Michael J. Crowe, Theories of the World from Antiquity to the Copernican Revolution. New York 2001.

E.J. Dijksterhuis, Die Mechanisierung des Weltbildes. Berlin, Göttingen, Heidelberg 1956.

Joachim Hermann, Harald Bukor, dtv-Atlas Astronomie. München 2005.

Georg Christoph Lichtenberg, Schriften und Briefe I, Sudelbücher I. Frankfurt am Main 1994.

John North, Viewegs Geschichte der Astronomie und Kosmologie. Wiesbaden 1997.

Olaf Pedersen, Early Pysics and Astronomy. Cambridge 1993.

Ptolemäus, Handbuch der Astronomie. 2 Bände. Übers. des Almagest von K. Manutius 1911. Neuausgabe von O. Neugebauer. Leipzig 1963.

Jürgen Teichmann, Wandel des Weltbildes. Stuttgart, Leipzig 1996.

Curtis Wilson, Keplers Entdeckung der ersten beiden Planetengesetze. In: Newtons Universum. Spektrum der Wissenschaft. Heidelberg 1990.

Cusanus

Abbildung 11: Cusanus – Nikolaus von Kues (1401 bis 1464).

Cusanus
Die Quadratur des Kreises und die Unendlichkeit

»Zirkel im Geiste« nannte der Neukantianer Ernst Cassirer Anfang des 20. Jahrhunderts die Charakterisierung eines abstrakten Kreises durch den Renaissancehumanisten Nikolaus Cusanus, eines Kreises, den der menschliche Verstand zwar konstruiert, der aber in Gestalt einer Linie aus Punkten, die alle von einem gemeinsamen Mittelpunkt gleich weit entfernt sind, in der Natur nicht vorkommt. Cusanus hat in seine Versuche zur Berechnung des Umfangs und der Fläche des Kreises Überlegungen zum mathematisch Unendlichen einfließen lasssen, die bei den antiken Vorbildern nicht zu finden sind. Er hat sie aus einer spekulativen Verbindung von Zahlenmystik, platonischer Ideenlehre und göttlicher Allmacht gewonnen. Dass eine solche Symbiose überhaupt zu wissenschaftlichen Erkenntnissen führen konnte, die eine ganz neue Betrachtungsweise mathematischer Problemstellungen einläutete, ist das eigentlich Faszinierende an seinen Gedankengängen.

Dieser Cusanus, Sohn eines Kaufmanns aus dem kleinen Ort Kues an der Mosel – daher sein Name Nikolaus von Kues – brachte es nach seinem Studium in Padua bis zum Kardinal (1449) und später zum Bischof von Brixen. Schon vorher hatte er als junger Mann und Abgesandter des Kurfürsten von Trier eine wichtige Rolle beim Konzil in Basel gespielt und danach als Diplomat der päpstlichen Kurie. Was ihn jedoch noch heute interessant macht, ist seine Philosophie, die mit platonischen Elementen die erstarrte, in aristotelischen Qualitäten denkende Scholastik aufgebrochen hat und von den Wissenschaften ein Messen der Quantitäten verlangte. Sie basiert auf einer Erkenntnistheorie, die streng unterscheidet zwischen der Materie und den Vernunftbegriffen, mit denen ihr der menschliche Intellekt zu Leibe rückt. Die Wahrheit der Dinge entsteht erst aus der Assimilation der sinnlichen Eigenschaften in ein abstraktes Denken, aus ihrer vernunftgeborenen Umformung in mathematische Gewissheiten.

Der Zirkel, den wir in den Sand zeichnen, wird im Kopf zu einem Muster mit strengen Regeln:

> »Wenn du nämlich den Begriff der Figur, bei der alle Verbindungslinien vom Mittelpunkt zum Umfang gleich lang sind, dir bildest, dann hast du in diesem Begriff den Kreis als Vernunftding erreicht. Sobald der Kreis aber außerhalb der eigenen Vernunft, z.B. sinnlich wahrnehmbar ist, dann ist er in einem anderen und daher anders (...) Man kann nämlich keinen sinnlich wahrnehmbaren Kreis angeben, bei dem die Radien genau gleich wären, ja es kann nicht einmal eine Linie geben, die einer anderen völlig gleich wäre« (De coniecturis – Mutmaßungen I, 11).

Daher ist die menschliche Vernunft nur zu »Mutmaßungen«, zu immer unsicheren Annahmen fähig, wenn ihr Denken nicht fortschreitet bis zu den sicheren mathematischen Wissenschaften und mit ihrer Hilfe zu Gott. Mit ihnen lässt sich die Gestalt des Kreises klar erfassen, aber außerhalb des Denkens gibt es diese mathematische Figur nicht. Ihr entspricht kein stoffliches Sein. Diese Mathematik als Ausdruck der menschlichen Vernunft macht Cusanus in einer nächsthöheren Stufe zu einer Spekulation über Gott, in der die Zahlen 1, 2, 3, 4 und die aus ihnen konstruierten fünf regelmäßigen Polyeder (die platonischen Körper Würfel, Pyramide, Ikosaeder, Oktaeder, Dodekaeder) einer religiösen Symbolik unterworfen werden. Wenn die Vernunft die tiefen Bedeutungen der Zahlenverhältnisse erkannt hat, wird es auch möglich zu erkennen, worin das wahre Wesen Gottes besteht: aus der Eins.

> »Wenn man sich die Zahl als Urbild der Dinge vorstellt, wird verständlich, dass die göttliche Einheit allem vorangeht und alles einfaltet. Da sie nämlich aller Vielheit vorangeht, kommt sie auch vor aller Verschiedenheit, Andersartigkeit, Gegensätzlichkeit, Ungleichheit, Ge-

> teiltheit und allem andern, was die Vielheit begleitet. Die Einheit ist weder die Zwei, noch die Drei usw., obwohl sie alles das ist, was die Drei, die Vier und die anderen Zahlen sind (...) Betrachte mit tiefschürfendem Geist die unendliche Macht der Einheit: sie ist unendlich größer als jede vorgebbare Zahl. Es gibt nämlich keine Zahl, und sei sie noch so groß, in der die Macht der Einheit zur Ruhe käme. Durch die Kraft der Einheit kann ohne Ende zu jeder noch so großen Zahl eine größere gegeben werden, und zwar einzig durch die unerschöpfliche Macht der Eins; sie also offensichtlich allmächtig« (Mutmaßungen I, 5).

Dieser Grundgedanke ist platonisch. Platon lässt z. B. Sokrates in »Philebos« sagen, »dass nämlich das Eins Vieles ist und Unendliches, und das Viele wiederum nur Eins« (14e). Die Eins, in der alles »eingefaltet« ist, ist eine Art omnipotente Knospe, aus der alles Weitere entsteht, »ausgefaltet« wird, bis ins Unendliche – und doch wieder nicht. Cusanus macht aus dem Widerspruch, dass wir zwar immer weiterzählen können, aber doch niemals im Unendlichen landen, und dem, dass wir zwar immer weiter teilen können, und doch niemals beim kleinsten Teil ankommen werden, ein »negatives Wissen«, eine prinzipielle Unmöglichkeit, genau zu sein:

> »Schaue auf die Größe; denn wenn es zu jeder gegebenen Zahl eine größere geben kann, so weiß man, dass es keine unendlich große Zahl geben kann, und zugleich, dass keine gegebene Zahl die größte ist. Entsprechend: Wenn alles Ausgedehnte in immer weiter teilbare Teile teilbar ist, dann weiß man damit, dass man weder zu unendlich kleinen Teilen kommen kann, noch zu einem kleinsten Teil. Wenn auch der Sinn glaubt, einen kleinsten Teil gefunden zu haben, so sagt die Vernunft doch, dass er weiter teilbar und nicht der kleinste ist. Ebenso erkennt der Verstand, dass das noch teilbar ist, was die Vernunft für das Kleinste hält. So ist alles, was es geben

kann, größer als das Kleinste und kleiner als das Größte, aber ohne dass dieses Fortschreiten ins Unendliche weiterliefe.

Nur dieses negative Wissen ist dir zugänglich, die Genauigkeit aber bleibt dir unerreichbar; denn obschon es der Vernunft so scheint, dass man dort zu einem Größten kommen müsse, wo ein unendlich stufenweises Aufsteigen verhindert ist, sieht trotzdem die Intelligenz, dass es wahrer ist, durch Verneinung der Genauigkeit zu behaupten: Nichts, was es geben kann, ist genau das Größte, wenigstens in dem Bereich, wo etwas Größeres angenommen werden kann« (Mutmaßungen I, 10).

Der Verstand ist bei Cusanus diejenige Leistung des Denkens, die in der Lage ist, die Gegensätze, die die Vernunft in der Realität ausgemacht hat, zusammenzuführen und z. B. zu erkennen, dass Bewegung und Ruhe keine unvereinbaren Gegensätze sind. Oder zu denken, dass das unendlich Kleine mit dem unendlich Großen in einer einzigen Einheit der Unendlichkeit zusammenfällt und damit in Gott. Wie er diese Unendlichkeit geometrisch denkt, wird am Beispiel der Linie und seinen Überlegungen zur Quadratur des Kreises deutlich. Eine Linie, lang oder kurz, kann immer weiter zerschnitten werden »und diese Teilung kann niemals zum Punkt kommen; daher sind in einer Linie nicht mehr Punkte als in einer anderen der Möglichkeit nach enthalten. Es ist daher unmöglich, den Punkt von der Linie zu trennen, da er weder Teil der Linie ist, noch die Einheit zum Bestehen enthält« (»… subsistentiae unitatem contineat«, im Sinne von »noch ihre Grundeinheit darstellt«) (Mutmaßungen II, 4). Der Punkt ist für Cusanus demnach nicht die Einheit, die die Linie konstituiert. Auch der Punkt kann immer noch kleiner gedacht werden, er kann niemals als letzter bei einer Teilung übrig bleiben. Es sind die beiden Eckpunkte, die eine Linie ausmachen, dazwischen ist ein unendlich teilbares Kontinuum. Das Gleiche gilt für die Fläche und den Raum, da auch sie aus Linien konstruiert werden, die nur durch ihre Eckpunkte definiert sind.

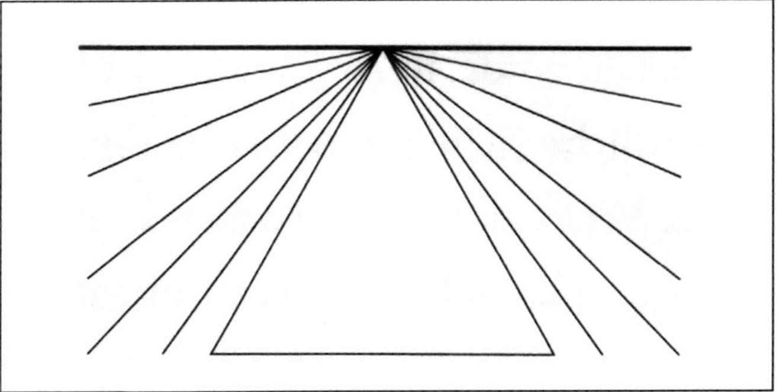

Abbildung 12: Unendlichkeit. Durch Aufklappen der Schenkel des Dreiecks nähert es sich einer Geraden an. Auf ähnliche Weise wird der Umfang eines Kreises durch ständige Vergrößerung einer Geraden angenähert.

Damit ist er der Auffassung des Aristoteles, der in der sechsten seiner Physikalischen Vorlesungen eben diese Frage diskutiert, ob eine Linie aus nicht weiter teilbaren Punkten besteht oder stetig ist und folglich unendlich teilbar. »Die Teilbarkeit ist unbegrenzt« sagt er über die Linie, die Bewegung und die Zeit. Der Gedanke des Cusanus ist also nicht neu. Neu ist, wie er sich den Grenzen des unendlich Kleinen der durch die Eckpunkte markierten Größe der Linie mit dem Bewusstsein der prinzipiellen Unschärfe menschlichen Denkens nähert, mit seiner »docta ignorantia«, der »gelehrten Unwissenheit«, und wie er das nutzt, um den Umfang des Kreises zu »rektifizieren«, ihn als Linie »gerade zu stellen«, und wie er den Umfang als »Unendlichvieleck« betrachtet (Abbildung 12). Das heißt, er verwandelt Krummes in Gerades und umgekehrt und führt das im Einzelnen in seiner Abhandlung »De transformationibus geometricis« vor – eine eindeutige Abkehr von Aristoteles, der von Krummem und Geradem als »artverschieden« gesprochen hatte, weil er das für eine Bewegung auf diesen Bahnen so festgesetzt hatte, obwohl ihm schon klar gewesen war, dass man das auch anders sehen könnne: »Man könnte streiten, ob es sich um eine Bewegungsart handele, wenn dasselbe aus demselben in dasselbe wechselt, z. B. ein und derselbe Punkt immer wieder von diesem zu jenem Ort und zurück. Ist das so, dann wird die Kreisbewegung mit der geradlinigen, die Drehung mit der Verschiebung arteins werden« (Phys. Vorlesungen V). Aber seine logische Dogmatik hat das ausgeschlossen.

Cusanus streitet darüber nicht. Er formuliert die Grenzbedingung, unter der die in einen Kreis eingeschriebenen Polygone (Vielecke) in einen Kreis übergehen. Das hat so vor ihm noch keiner gesagt:

> »Je mehr Ecken aber gleichseitige Vielecke haben, desto ähnlicher dem Kreis, zum Kreis nämlich, wenn er zu unendlich vielen Vielecken ausgespannt ist. Und wenn du an diesen Kreis so viele anzulegen verlangst, dass du keinen Winkel mehr bemerkst, dann ist er unendlich, ohne Winkel: und so schließt der winkellose und unendliche Kreis alle endlichen Winkel, gegebene und zu gebende in sich ein«.
>
> (»Quanto autem polygonia aegualium laterum plurium fuerit angulorum, tanto similior circulo; circulo enim si ad polygonias attendas est infinitorum angulorum. Et si ad ipsum circulum tantum respicis nullum angulum in eo reperies, et est interminatus, inangularis: et ita circulus inangularis et interminatus in se complicat omnes angulares terminationes, polygonias datas et dabiles« (Complementum theologicum Cap. V, lat. zit. n. Moritz Cantor, eigene Übersetzung)).

Dass es sich bei diesem Vorgehen nicht einfach um eine mathematische Regel handelt, zeigt eine Abbildung, die seinen Gedankengang aus »De docta ignorantia« verdeutlich. Eine waagrechte Gerade schneidet die Spitze eines gleichseitigen Dreiecks. Durch immer weiteres Aufklappen der Schenkel des Dreiecks in Richtung dieser Geraden nähern sie sich dieser immer weiter an und gehen schließlich in sie über. Cusanus setzt die unendlich kleinen Schritte dieser Annäherung mit dem Übergang des Dreiecks in die Unendlichkeit Gottes, seiner Trinität, gleich. Gott ist als Dreieck Trinität und als unendliche

Gerade die Einheit, in der die Vielheit aller getrennten Dinge zusammenfallen. Und wenn man die Wahrheit und die Allwissenheit Gottes als einen Kreis betrachtet, dann ist der menschliche Verstand ein in diesen eingeschriebenes Vieleck, das nie vollkommen in einen Kreis übergehen und die Allwissenheit Gottes erreichen kann.

Die mathematisch-theologische Spekulation vor dem Hintergrund der Unendlichkeit führt Cusanus zu sehr tiefsinnigen Überlegungen über die Verwandlung von Linie in Fläche, von Fläche in Körper, von Geradem in Krummes und umgekehrt, von Größtem und Kleinstem:

> »Ich sage also: gäbe es eine unendliche Linie, so wäre sie eine Gerade, ebenso ein Dreieck, Kreis und Kugel; und gleicherweise: gäbe es eine unendliche Kugel, so wäre sie Kreis, Dreieck und Linie. Die erste Behauptung, dass die unendliche Linie eine Gerade sei, erhellt folgendes: Der Durchmesser des Kreises ist eine gerade Linie, der Umkreis ist eine gekrümmte Linie, die größer ist als der Durchmesser; wenn also die Krümmung der gekrümmten Linie, je mehr diese der Umkreis eines größeren Kreises wird, sich verringert, so ist der Umkreis des größten Kreises, der nicht mehr größer sein kann, am wenigsten gekrümmt, daher am meisten gerade. Es koinzidiert als das Kleinste mit dem Größten, so dass es augenscheinlich ist, dass die größte Linie die geradeste und am wenigsten gekrümmte sein muss. Darüber kann nicht der geringste Zweifel bestehen«.

Er zeigt dies an einer Abbildung, in der er die Tangente als Gerade des größten Durchmessers an Kreisbögen mit anwachsenden Durchmessern anlagert (De docta ignorantia I, 13). Der unendlich große Kreis verschmilzt mit der unendlichen Gerade in eins.

Ähnlich verfährt er mit dem Dreieck. Er lässt es immer größer werden, bis jede der drei Seiten unendlich groß geworden ist, dann gilt, dass sie alle in einer unendlichen Geraden aufgehen müssen, weil »jeder Teil des Unendlichen unendlich ist«.

Von den Winkeln des Dreiecks gilt dasselbe. Daher ist auch die Linie Winkel, weil das Dreieck Linie ist (I, 14).

Wenn um die Spitze eines gleichschenkligen Dreiecks als Mittelpunkt ein Kreis mit dem Radius der beiden gleichen Schenkel geschlagen wird, dann wird bei unendlicher Ausdehnung des Radius alias zwei Seiten des Dreiecks auch der Kreisbogen unendlich, also sind Kreis und Dreieck im Unendlichen dasselbe. Der Gedanke lässt sich auch auf die Kugel übertragen (I, 15).

Je weiter Cusanus diesen Gedanken vorantreibt, desto deutlicher wird die Fruchtbarkeit seines religiös motivierten Ansatzes, alle Linien, Flächen und Körper im Unendlichen miteinander zu verschmelzen und in eins zu setzen. Seine Metaphysik erlaubt es ihm, das aktuale und das potentielle Unendliche – das wirksame und das der Möglichkeit nach erreichbare –, das schon von Aristoteles unterschieden wurde, mathematisch zu definieren. Er drückt das so aus:

> »Nachdem es jetzt offenbar ist, dass die unendliche Linie in unendlicher Weise alles das in Wirklichkeit ist, was in der Möglichkeit der endlichen liegt, so stellen wir beim einfachsten Größten im übertragenen Sinne ebenfalls fest, dass das Größte als Wirklichkeit all das auf größte Weise ist, was in der absoluten Einfachheit als Möglichkeit liegt. Was nämlich möglich ist, das ist das Größte als Wirklichkeit in größtem Maße, nicht weil es aus Möglichem besteht, sondern weil es in größtem Maße ist; so wie aus der Linie das Dreieck und die unendliche Linie entwickelt wird, ist sie nicht das Dreieck, wie es aus der endlichen abgeleitet wird, sondern als Wirklichkeit das unendliche Dreieck, das mit der Linie identisch ist. Ferner ist die absolute Möglichkeit im Größten nichts anderes als dieses Größte als Wirklichkeit, wie die unendliche Linie als Wirklichkeit Kugel ist. Anders im Nicht-Größten; denn dort ist die Möglichkeit nicht Wirklichkeit, wie die endliche Linie Nicht-Dreieck ist«.

Der entscheidende Gedanke liegt in der Wirklichkeit der unendlichen Linie bzw. der Wirklichkeit des »Größten im größten Maße, nicht weil es aus Möglichem besteht, sondern weil es in größtem Maße *ist*«. Das kommt der Auffassung des Unendlichen des Schöpfers der Mengenlehre Georg Cantor (1845-1918) sehr nahe. Dessen Zeitgenosse, der ebenso berühmte Mathematiker David Hilbert, beschrieb 1895 diese Art der Unendlichkeit in klaren Worten, die die Verwandtschaft zu Cusanus erkennen lassen:

> »Will man in Kürze die neue Auffassung des Unendlichen, der Cantor Eingang verschafft hat, charakterisieren, so könnte man wohl sagen: in der Analysis haben wir es nur mit dem Unendlichkleinen und dem Unendlichgroßen als Limesbegriff, als etwas Werdendem, Entstehendem, Erzeugtem, d. h., wie man sagt, mit dem *potentiell Unendlichen* zu tun. Aber das eigentlich Unendliche selbst ist dies nicht. Dieses haben wir z. B., wenn wir die Punkte einer Strecke als eine Gesamtheit von Dingen ansehen, die fertig vorliegt. Diese Art des Unendlichen wird als *aktual unendlich* bezeichnet« (David Hilbert, Über das Unendliche. Mathematische Annalen Bd. 95, S.167).

Cantor meint also, die aktuale Unendlichkeit ist nur als Unendlichkeitspaket zu denken, die Gesamtheit der Zahlen 1, 2, 3, 4 ... als fertige Einheit, als Einheit an sich. Cusanus drückt dasselbe, aber mit Hilfe der Linie aus: »Die endliche Linie ist teilbar und die unendliche unteilbar, denn das Unendliche hat keine Teile und in ihm koinzidiert das Größte mit dem Kleinsten« (I, 17). Die unendliche Linie, die keine Teile hat, ist Cantors Kontinuum aus Zahlen, sein nicht abzählbares Unendliches vom Typ »C«. Cusanus' Erklärungsversuche sind noch rein geometrisch, ein zahlentheoretisches Instrumentarium der Reihenentwicklung oder das der analytischen Geometrie stand ihm noch nicht zur Verfügung.

Das zeigt sich auch an seinem Begriff der »Teilhabe«, wenn er den Übergang von krumm in gerade zu erfassen sucht. Die

Krümmung als Krümmung ist nichts, sondern nur eine Abweichung von der Geraden:

> »Das Sein, das in der Krümmung liegt, stammt also aus der Teilhabe an der Geraden, da die Krümmung, welche die größte oder kleinste ist, nichts als die gerade ist. Je weniger aber die Krümmung krumm ist, wie beim Umkreis des größeren Kreises, umso stärker hat sie an der Geradheit teil. Nicht dass sie einen Teil davon erlangte – denn die unendliche Geradheit ist unteilbar – sondern: je größer die gerade, endliche Linie ist, um so mehr scheint sie an der Unendlichkeit der größten, unendlichen Linie teilzuhaben« (I, 18).

Modern ausgedrückt, hat Cusanus hier den Grenzübergang einer Kurve formuliert, die sich immer mehr einer Geraden annähert: aber sie bleibt Kurve, obwohl sie beinahe zur Geraden wird. Und er hat in die Endlichkeit der Linie die Unendlichkeit eingepackt, fast so wie Hilbert das aktual Unendliche Cantors referiert, mit dem Unterschied, dass Hilbert von einer unendlichen Anzahl von Punkten einer endlichen Geraden spricht, während Cusanus eine Linie nur durch ihre Eckpunkte definiert und dazwischen das unendlich teilbare Kontinuum liegen lässt.

Das mathematische Konzept des Cusanus wirkt ungeheuer dynamisch, weil er in seiner Gottsuche Linie, Fläche und Körper solange ineinander umwandelt bis sie in der Unendlichkeit eine Einheit geworden sind. Er scheint zu ahnen, dass dabei die Veränderungen der Winkel entscheidend sind, wenn er bei der Transformation des Dreiecks sagt »jeder Winkel des Dreiecks wird Linie sein«. Er hätte auch sagen können, die Winkel des Dreiecks gehen gegen Null, den Limes oder Grenzübergang dieser Operation, wie das später genannt wurde.

Seine eigenen Versuche, die Quadratur des Kreises durchzuführen, seinen Umfang, seine Fläche und das Verhältnis von Radius und Umfang (π – Pi) zu berechnen, waren anfangs allerdings wenig überzeugend. Cusanus benutzte in »De transformationibus geometricis« seine Philosophie der Koinzidenz, des Zusammenfallens der Extreme, um das irrationale Zahlenverhältnis von Kreiskrümmung und Durchmessergeraden zu konstruieren. Das Kleinste war das in den Kreis eingeschriebene Dreieck, das Größte das Unendlichkeitvieleck des Kreises. Streng genommen benutzt er die Koinzidenz hier noch nicht, sondern erst später in seiner Schrift »De mathematica perfectione« (Über die mathematische Vollkommenheit), obwohl er davon spricht, sagt der Mathematikhistoriker Moritz Cantor, der diesen Versuch in allen Einzelheiten nachvollzieht und in einer modernen Darstellung präsentiert. Aber trotz der fehlerhaften geometrischen Konstruktion erhielt Cusanus ein Ergebnis, das genauer war als das ihm gerade in der ersten lateinischen Übersetzung bekannt gewordene des Archimedes.

Galilei, der genau zwischen dem potentiell und dem aktual Unendlichen unterschied, zeigte in »Discorsi e dimonstrazioni matematiche« 1638 den Übergang zwischen beiden Unendlichkeiten, indem er einen endlichen in einen unendlichen Kreis überführte. Er ging wie Cusanus vor und ließ den Radius immer größer werden, bis der dazu gehörige Kreisbogen in eine Gerade übergeht. Damit habe, so Galilei, der Kreis seinen Charakter verändert und nicht nur »seine Existenz verloren, sondern auch seine Möglichkeit der Existenz« (bei M.E. Baron, S. 119). Cusanus sieht durch das Ergebnis die Bewegung nicht abgebrochen. Bei ihm ist das Krumme nur eine *Abweichung* von der unendlichen Geraden. Das Krumme verliert nicht seine Existenz, sondern nur seine Eigenschaft, so lange es Gerade bleibt. Der umgekehrte Vorgang ist denkbar.

Es wird besonders an diesen Grenzübergängen deutlich, wie sehr die Unendlichkeit den Mathematikern zu schaffen machte. Johannes Kepler hat, von ähnlichen weltanschaulichen Voraussetzungen ausgehend wie Cusanus, in sehr kreativer Weise mit allen seit der Antike bekannten Näherungsverfahren ein Wiener Weinfass durchgerechnet, vor allem mit schmalen Schnitten und Variationen von Größe und Aussehen aller möglicher Flächen und Körper gearbeitet, aber auch visuelle Verfahren und geometrische Transformationen eingesetzt (»Nova stereometria« 1615).

Leibniz knüpfte direkt an Cusanus an. Auch er setzt Gott als Eins und beschäftigt sich mathematisch, ausgehend vom Unendlichen und dem Prinzip, dass einer Ordnung im Gegebenen eine Ordnung im Gesuchten entspricht, mit dem Übergang von einem geometrischen Körper in einen anderen:

> »Wir wissen, dass die Kegelschnitte durch den Schatten bzw. die Projektion des Kreises entstehen und dass die Projektion einer Geraden eine Gerade ist. Wenn nun die Gerade den Kreis in zwei Punkten schneidet, wird auch die projizierte Gerade die Projektion des Kreises, z. B. eine Ellipse oder Hyperbel, in zwei Punkten schneiden. Nun kann die den Kreis schneidende Gerade so bewegt werden, dass sie mehr und mehr aus diesem heraustritt und sich die Schnittpunkte mehr und mehr einander nähern, bis sie schließlich koinzidieren, in welchem Falle die Gerade den Kreis verlässt und zur Tangente wird; daraus folgt, dass auch die projizierten Schnittpunkte der Geraden und des Kreises, d. h. die Schnittpunkte der projizierten Geraden mit der Projektion des Kreises, zusammenfallen und sich stetig einander nähern und schließlich, nachdem die ursprünglichen Schnittpunkte zu einem geworden sind, auch die projizierten ineinander übergehen; und wenn deshalb die Gerade den Kreis berührt, wird auch die Projektion der Geraden den zugehörigen Kegelschnitt tangieren« (»Ein allgemeines Prinzip ...«, S. 231).

Die Koinzidenz, das Zusammenfallen der Extreme wie bei dem einem Kreis eingeschriebenen Unendlichkeitvieleck, die bei Cusanus eine so wichtige Rolle spielt, wird hier sehr elegant mit Hilfe der projektiven Geometrie auf alle Kegelschnitte und das Zusammenfallen der Schnittpunkte der sie schneidenden Geraden in einer Tangente verallgemeinert. Die vielfältigen Methoden, die Kepler einsetzen musste, um ein Fass zu berechnen, waren zu einem einzigen Werkzeug geworden, mit dem die Steigung jeder Kurve mit Hilfe von Tangenten beliebig genau angenähert und berechnet werden konnte. Die spätere

Integralrechnung wird sich von zwei Seiten einer Kurve annähern: mit Hilfe der Aufsummierung unendlich vieler Tangenten von außen und mit Hilfe der Aufsummierung unendlich schmaler Rechtecke mit ihren unendlich kleinen Treppen von innen – ein unendlich kleines Bisschen zu viel und ein unendlich kleines Bisschen zu wenig. Deswegen wird Leibniz später sagen, Differential- und Integralrechnung verhalten sich wie plus und minus.

Dasselbe Prinzip der Koinzidenz wendet Leibniz auch auf die Physik an und erläutert das am Beispiel der Bewegung:

»So kann z.B. die Ruhe als unendlich kleine Schnelligkeit oder als unendlich große Langsamkeit betrachtet werden. Was demnach für die Schnelligkeit und Langsamkeit überhaupt gilt, muss entsprechend auch von der Ruhe als der größten Langsamkeit gelten. Will man daher die Regeln für Bewegung und Ruhe bestimmen, darf man nicht vergessen, die Regel für die Ruhe so zu fassen, dass sie als eine Art Folgerung oder Sonderfall der Bewegungsgesetze verstanden werden kann. Wenn das nicht gelingt, ist es das sicherste Zeichen dafür, dass die aufgestellten Regeln mangelhaft sind und sehr wenig miteinander übereinstimmen. Auf diese Weise kann auch die Gleichheit als unendlich kleine Ungleichheit betrachtet werden, wo der Unterschied kleiner ist als eine beliebig kleine gegebene Größe« (ebd., S. 233). Auch bei Leibniz koinzidieren die Extreme in der Unendlichkeit, wenn er von der Ruhe als unendlich kleiner Schnelligkeit bzw. unendlich großer Langsamkeit spricht.

Leibniz hat versucht, seinen Gedanken der Transformation durch beliebig genaue Annäherung an einen Grenzübergang beinahe axiomatisch, aber der Mathematik übergeordnet, zu fassen. »Metaphysische Anfangsgründe der Mathematik« nennt er seine Definitionssammlung, »eine Kunst der Analyse (...), umfassender als die Mathematik, aus der die mathematische Wissenschaft gerade ihre vortrefflichsten Methoden entlehnt«. Er meint damit knappe philosophische Reflexionen über den Raum und seine Begrenzung, über die Lage, Punkte, Entfernung, Quantität und Qualität, über Begrenztheit, Linie, Umfang u.v.a., die bei richtiger Festlegung mathematische

Beziehungen steuern und Herangehensweisen eröffnen. Sein »Gesetz der Kontinuität« z. B. ist eine solche Reflexion, »wonach das Gesetz für die ruhenden Körper gewissermaßen nur ein Sonderfall des Gesetzes der bewegten Dinge ist, das Gesetz der Gleichheit gewissermaßen ein Sonderfall des Gesetzes der Ungleichheit, so wie das für das Gekrümmte gewissermaßen ein Sonderfall des Gesetzes für das Geradlinige ist; dies gilt überall, sooft ein zu einer Gattung Gehörendes in eine entgegengesetzte Unterart übergeht« (ebd., S. 363). Diese Kontinuität zeige sich überall in der Natur, die niemals Sprünge mache.

Die Idee der Kontinuität, die sich bis ins Unendliche fortsetzen lässt, stamme allerdings nicht aus der Natur, sondern aus uns selbst. Zwar habe die Betrachtung des Endlichen und des Unendlichen überall dort Platz, wo es Größe und Menge gibt, aber »das wahrhaft Unendliche ist nicht eine Modifikation, es ist das Absolute« (Neue Abhandlungen über den menschlichen Verstand I, S. 213). Cusanus hatte davon gesprochen, dass im Unendlichen die endlichen Gesetze nicht gelten und damit einen ähnlichen Bruch vollzogen und im Absoluten wie Leibniz Gott erkannt. Beide unterschieden zwischen der Unendlichkeit, die mathematisch beherrschbar ist und der Unendlichkeit, die mit Gott zusammenfällt und nur ihm gehört. Nur die Entwicklung hin zum Unendlichen, sei es groß oder klein, lässt sich mathematisch fassen und geometrisch vorstellen, das Unendliche selbst gehört Gott und ist unbegreiflich. Die Fähigkeit und der Wille des Menschen, Gott in der Unendlichkeit zu schauen, wird so zum Motor der Erkenntnis der Unendlichkeit Gottes im Kontinuum der Natur und die richtig verstandenen Gesetze der Mathematik zu ihrem unübertrefflichen Werkzeug.

Literatur

Aristoteles, Physikalische Vorlesung. Paderborn 1975.

Margeret E. Baron, The origins of the infinitesimal calculus. New York 1987.

Oskar Becker und Jos. E. Hofmann. Geschichte der Mathematik. Bonn 1951.

Carl B. Boyer und Uta C. Merzbach, A History of Mathematics. Sec. Ed. Singapore 1989.

Moritz Cantor, Vorlesungen über die Geschichte der Mathematik. Die Zeit von 1400–1450. 2. Bd., 2. Aufl. Leipzig 1899.

Ernst Cassierer, Das Erkenntnisproblem in der Philosophie und Wissenschaft der neueren Zeit. Reprint der 3. Ausg. von 1922. Darmstadt 1991.

Nicolai de Cusa, De coniecturis. Mutmaßungen. Lateinisch-Deutsch. 3. Aufl. Hamburg 2002.

Cusanus, De docta ignorantia. Kritische Ausgabe Dupré lat.-deutsch online.

Euklid's Elemente funfzehn (!) Bücher. Nach der Übersetzung aus dem Griechischen von Johann Friedrich Lorenz. Reprint der 3., verbesserten Ausgabe Halle 1809. University of Michigan Library – Leipzig.

Kurt Flasch, Nikolaus von Kues in seiner Zeit. Stuttgart 2007.

Kurt Flasch, Kampfplätze der Philosophie. Große Kontroversen von Augustin bis Voltaire. Frankfurt am Main 2008.

Joseph Ehrenfried Hofmann, Aus der Frühzeit der Infinitesimalmethoden: Auseinandersetzung um die algebraische Quadratur algebraischer Kurven in der zweiten Hälfte des 17. Jahrhunderts. Archive for History of Exact Science 2/4, S. 271-343. Heidelberg 1965.

– Über die algebraische Quadratur algebraischer Kurven in der zweiten Hälfte des 17. Jahrhunderts. Forschungen und Fortschritte, 39. Jahrgang, Heft 8. Berlin 1965.

Gottfried Wilhelm Leibniz, Ein allgemeines Prinzip, das nicht nur in der Mathematik, sondern auch in der Physik von Nutzen ist (1687). Aus dem Brief an Varignon vom 2. Februar 1702.

– Aus einem weiteren Brief an Varignon 1702. Beide in: Philosophische Schriften 4, Schriften zur Logik. Frankfurt am Main 1992.

– Neue Abhandlungen über den menschlichen Verstand I (1704). Frankfurt am Main 1961.
Eli Maor, To Infinity and Beyond. A Cultural History of the Infinite. Boston 1987
Metzler Philosophenlexikon. 2. Aufl. Stuttgart 1995.
Jeanne Peiffer und Amy Dahan-Dalmedico; Wege und Irrwege – eine Geschichte der Mathematik. Basel 1994.
Platon, Philebos. Hamburg 1987.
Ubaldo Nicola, Bildatlas der Philosophie. Berlin 2007.

Fracastorius

Abbildung 13: Hieronymus Fracastorius (1478 bis 1553).

Fracastorius
Das Contagion der Infektion

Der veronesische Arzt Girolamo Fracastoro, latinisiert Hieronymus Fracastorius ist der Namensgeber für die Geschlechtskrankheit Syphilis. 1530 erzählte er in lateinischen Hexametern die Geschichte des Schafhirten Syphilus, der wegen eines zu trockenen Sommers gegen den Sonnengott rebelliert und eine eigene Religion gegründet hatte und deshalb zusammen mit seinem ganzen Stamm als erster von dieser Krankheit heimgesucht worden war. Das Gedicht hat Fracastorius berühmt gemacht, er wurde von Papst Paul III. 1545 als Arzt des Trienter Konzils berufen, warnte dort vor einer Flecktyphusepidemie, die nach einem tiefen Zerwürfnis zwischen Kaiser Karl V. und dem Papst von diesem als Vorwand für die Verlegung des Konzils nach Bologna missbraucht wurde. Denn dort tagten dann nur die päpstlichen Vertreter und die kaiserlichen blieben gesund in Trient. Das Konzil wurde beschlussunfähig.

Fracastorius war ein typischer Humanist und umfassend gebildet. In Padua hatte er Mathematik, Astronomie; Philosophie und Medizin studiert und sieben Jahre lang Vorlesungen über Logik gehalten, bevor er in Verona praktizierte. Seine klinischen Erfahrungen verarbeitete er zu einer systematischen, von Prinzipien geleiteten Anwendung der Substanzlehre des Aristoteles auf das konkrete Problem der Infektionskrankheiten. In einer Zeit, in der die Menschen von Pocken, Lepra, Pest, Syphilis und zahlreichen anderen Seuchen gebeutelt wurden, wollte er herausfinden, wie Ansteckung zu erklären ist und unter welchen Bedingungen und auf welchen Wegen die Ausbreitung der Krankheiten erfolgt. Die bisherigen Erklärungen waren ihm zu vage und widersprüchlich.

Hippokrates habe zwar über Infektionskrankheiten gesprochen, meinte er, aber eher als Beobachter und nicht als einer, der ihre Natur ergründen wollte. Galen und seine Nachfolger hätten Vieles beigetragen, über das man aber sehr viel mehr zu wissen wünsche, und den zeitgenössischen Autoren sei als

Grund für eine Infektion nichts anderes eingefallen als okkulte (versteckte) Qualitäten, wie er in der Einleitung zu »De Contagione« schreibt. Damit wolle er sich nicht abfinden. Sich zufrieden zu geben mit der Angabe pauschaler Gründe sei Zeichen eines trägen und groben Geistes. Ein Philosoph habe sich gefälligst um menschenmögliches Wissen zu bemühen, das Gott vorbehaltene Wissen über die letzten Ursachen bliebe ihm sowieso verschlossen.

> »Keiner dieser Autoren versuchte zu sagen: was ist die Natur der Contagions im allgemeinen; durch welche Prinzipien infizieren sie; wie entstehen sie; weshalb hinterlassen einige von ihnen einen Zunder (Herd) und weshalb breiten sich einige sogar über Entfernungen aus; warum sind einige Krankheiten ansteckend, obwohl sie milder verlaufen, während andere, obwohl akuter und virulenter, überhaupt nicht ansteckend sind; wie unterscheidet sich Contagion von Gift; und viele andere ähnliche Fragen«. (De Contagione, Einleitung)

Es sind Fragen aus der Praxis genauer Beobachtung der Krankheitsverläufe gegen verschulte Denkfaulheit und dialektische Scheuklappen, Befreiungsversuche aus dem scholastischem Mief vernünftelnder Begriffsakrobatik, die seine Gedanken beflügeln. Fracastorius kannte kein Mikroskop, niemand hatte irgendwelche Teilchen gesehen, die unter dem Auflösungsvermögen des menschlichen Auges lagen. Alles musste indirekt erschlossen und mit einem theoretischen Instrumentarium bewältigt werden, das die Antike geliefert hatte. Das Faszinierende an Fracastorius ist die traumwandlerische Sicherheit, mit der er den apodiktisch missbrauchten Aristoteles für die Aufklärung der kniffligen Übertragungswege von Infektionen benutzt und seine hypothetisch durchkonstruierten Contagien mit anschaulich spekulierten Analogien genau die Eigenschaften zuordnet, die in das therapeutische Schema der galenischen Medizin seiner Zeit passen. An ihm lässt sich ausgezeichnet demonstrieren, welche fruchtbare und ein Gefühl der Sicherheit gebende Rolle theoretische Vorgaben in der wissenschaftlichen

Verarbeitung neuer Gedankengänge spielen, auch wenn es alte Theorien sind und sie ebenso wie der Kern der neuen Idee auf nichts anderem als Spekulation beruhen. Das Ergebnis kann sich jedenfalls sehen lassen und gehört in der Geschichte der Medizin zu den ganz großen Durchbrüchen für das Verständnis des Infektionsverlaufs.

1546 erschienen zwei Schriften nicht zufällig zusammen in einem Band: »De Contagione et contagiosis morbis et curatione« (Über Ansteckung, ansteckende Krankheiten und ihre Heilung) und »De sympathia et antipathia«. Sie decken theoretisch und praktisch die Phänomene ab, die für die diversen Ansteckungswege, die Krankheitsverläufe, die körperliche Abwehr und die Therapien erklärt werden müssen. Nur beide Schriften zusammen genommen ergeben ein vollständiges Bild seines logischen Konzepts. Es ist so klar, dass man mit ihm Aristoteles besser versteht als im Orginal, da Fracastorius ihn für eine konkrete Fragestellung benutzt und die theoretischen Implikationen an Einzelheiten diskutiert. Für den Zweck dieses Kapitels ist das ein wichtiger Nebenaspekt, denn ich möchte zeigen, wie eine neue Idee mit einem wieder ›scharf gemachten‹ uralten theoretischen Rüstzeug Konturen gewinnt. Fracastorius hat die Philosophen nicht angegriffen, weil sie Aristoteles im Kopf haben, sondern weil sie mit Aristoteles im Kopf faul und grob gedacht haben. Er macht ihnen vor, wie systematisch und dennoch lebendig und realitätsnah mit dem ehrwürdigen Autor *gearbeitet* werden kann, wenn man es so macht, wie Aristoteles es selbst gemacht hat: durch Anwendung einer Idee auf Vorgänge in der Natur. Das deutet sich schon bei seiner Definition des Contagions an:

> »Wie der Name sagt, ist Contagion eine Infektion, die von einem zum anderen übergeht. Denn um ein Contagion zu produzieren, müssen immer zwei Sachen vorhanden sein, entweder zwei verschiedene oder zwei aufeinander folgende derselben Sache. Jedoch wird der Begriff nur dann angemessen gebraucht, wenn die zwei Sachen, in denen das Contagion produziert wird, von

einander getrennt sind. Wenn es von einem Teil der Sache auf einen anderen übertragen wird, ist es eigentlich nicht Contagion, sondern nur eine Art Contagion. Die Infektion ist in ihrem Träger genau die gleiche wie in ihrem Empfänger; wir sagen, dass Contagion vorliegt, wenn in beiden das gleiche Leiden auftritt. So sagen wir zwar, dass eine Person, die Gift getrunken hat, infiziert sei, aber nicht, dass sie an einem Contagion leide; und im Falle von Dingen, die unter dem Einfluss der Luft schlecht geworden sind, wie Milch, Fleisch usw., sagen wir, dass sie verdorben sind, aber nicht, dass sie unter einem Contagion gelitten haben, es sei denn die Luft wäre selbst in der genau gleichen Art und Weise verdorben worden. Ich werde diese Frage im Folgenden noch genauer untersuchen.

Alles, was geschieht, sei es aktiv oder passiv, betrifft entweder die Substanz der Dinge oder das Akzidenz: wenn jemand warm oder krank wurde, sprechen wir nur dann von Contagion, wenn eine Übertragung stattgefunden hat. Contagio ist gleichbedeutend mit der Infektion einer zweiten Substanz. Wenn nun ein Haus durch den Brand in einem Nachbarhaus Feuer gefangen hat, nennen wir das Contagion? Nein, sicher nicht, auch im allgemeinen dann nicht, wenn durch die erste Sache eine zweite als Ganze zerstört wird. Der Begriff wird korrekterweise dann gebraucht, wenn die Infektion durch sehr kleine, nicht spürbare Teilchen erfolgt und mit ihnen beginnt, wie das Wort ›Infektion‹ nahelegt; denn wir gebrauchen den Begriff der Infektion nicht für etwas, das als Ganzes zerstört wird, sondern für etwas, das gewissermaßen nicht spürbar ist« (De Contagione, 1. Buch, 1. Kap.).

Fracastorius trifft diese Festlegungen gegen diffuse Vorstellungen seiner Zeit, in denen alles Mögliche durcheinander ging. Bernhard de Gordon hatte in seinem im Mittelalter weit verbreiteten »Lilium medicinae« 1305 (S. 271) z.B. geschrieben, Augenentzündung sei eine infektiöse Erkrankung, »mit irgendetwas, das von ihr aufgelöst wird«. Aus der berühmten Medizinschule von Salerno kommt lediglich die Frage, ob die Berührung der Krankheit zum Verderben führe, »die Krankheit und das Atmen der Krankheit, die Gewänder, das Leinen, die Kleider, über die das Schlechte in die reinen Körper von außen gelangt«. Die unbestrittene Autorität des Galen bot in »Über die Arten der Fieber« eine der Luft beigemischte Ansteckungsmaterie an, die auf einen Körper »voll von Ausscheidungsstoffen aller Art« trifft, »die schon von selbst, ohne die Luft, prädisponiert wären zu verfaulen« (ebd., S. 42). Lukrez sah in seinem Lehrgedicht »De rerum naturae« Samen herumschwirren, die die Luft krankheitserregend machen. Krankheiten und Verseuchungen »kommen entweder von außen wie Wolken und Nebel von oben durch den Himmel hindurch, oder oftmals erheben gesammelt auch aus der Erde sie selbst sich, wenn feucht sie Fäulnis sich zuzog, angeschlagen von ungewöhnlichem Regen und Wärme« (VI, 1090-1102). Und im Standardwerk des Mittelalters, im »Canon medicinae« des Avicenna wird auch der Wahn unter die Infektionen subsumiert, »z. B. wenn ein Mensch mit den Zähnen klappert, wenn er er an etwas Bitteres denkt« (2. Buch, 9. Vorlesung, § 636).

Gegen solche beinahe beliebigen Spekulationen wendet sich Fracastorius. Er spekuliert wissenschaftlich mit einer neuen Idee auf der Grundlage eines theoretischen Apparats, mit dem er die vielfältigen und verwirrenden Erscheinungen der Natur in den Griff bekommen will. Die einleitenden Definitionen schaffen die Voraussetzung für die Entfaltung seiner Idee und schränken ihr Wirkungsfeld ein. Als Nächstes versucht er die Substanz des Contagions zu beschreiben. Sie sei eine Mischung, »eine Verbindung von Teilchen«, etwas Ganzes, das jedoch bald zerfällt, weil die Mischung »leidet«:

> »Ganz wiederum nenne ich auch eine Verbindung (compositum), die Teilchen aber, aus denen die Verbindung besteht und aus denen sie gemischt ist, nenne ich sehr klein und nicht spürbar. Die Verbrennung wird

> also als Ganzes gesehen, das Contagion aber als eine Verbindung von Teilchen, obgleich sie bald zerfällt, weshalb ich jenes Ganze und das Leiden der Mischung als Contagion betrachte. Da das Contagion nun aber auf zweierlei Weise zerstört wird und die Mischung zugrunde geht, einerseits durch Hinzutreten des Gegenteils, weshalb deren Form nicht bestehen bleiben kann, andererseits durch Auflösung der Mischung, wie das bei der Verwesung eintritt, könnten wir vielleicht daran zweifeln, ob das Contagion durch eine Infektion kleinster Teilchen hervorgerufen wird… Sagen wir es so: das Contagion geht von der ersten in die zweite Substanz über, um in ihr einen vollkommmen gleichen Verfall der Mischung durch eine zuerst von den nicht fühlbaren Teilchen verursachte Infektion auszulösen« (De Contagione 1. Buch, 1. Kap.).

Damit hat das Contagion etwas an Kontur gewonnen. Es ist eine Mischung, die aufgelöst werden und zugrunde gehen kann, und zwar nach den Substanzregeln des Aristoteles. Das Leiden als Gegensatz zum Tun ist eine der zehn Kategorien des Aristoteles, zu denen auch noch Quantität, Relation, Ort, Zeit, Lage, Haben, Qualität und Substanz gehören. Nur die beiden letzten sind die aktiven Prinzipien, alle anderen üben keinen Effekt »auf irgendetwas irgendwo« aus, wie Fracastorius betont, weil er sich strikt an die aristotelischen Vorgaben halten will.

Das Leiden einer Mischung ist dann der passive Zerfall in ihre Bestandteile durch Einwirkung einer ihr äußerlichen, aktiven gegenteiligen Qualität, warm–kalt, flüssig–fest. Eine Mischung wurde von einer Verbindung nicht unterschieden, so dass das, was wir als Verbindung bezeichnen, bei Fracastorius als eine besonders stabile Mischung erscheint. Und gemischt wird nicht einfach die Materie, sondern ihre Formen. Sie sind es, die nach Aristoteles verhindern, dass die Materie unförmig zerfließt und daher die eigentliche Ursache und Bedingung für ihre Existenz, für ihre Ordnung und ihre Interaktionen.

Die Form begrenzt die Materie und legt so fest, wie sich ein Kontinuum von Teilchen unter Vermeidung eines Vakuums zu einem Element (Erde, Wasser, Luft, Feuer) zusammenlagern kann. Wenn Fracastorius davon spricht, dass das Contagion etwas sehr kleines Ganzes sei, eine Verbindung bzw. Mischung von Teilchen, dann meint er also die Mischung der elementaren *Formen* der Materie Erde, Wasser, Luft oder Feuer. Deren Eigenschaften sind durch die Qualitäten flüssig oder fest und warm oder kalt bestimmt. Von außen hinzutretende gegenteilige Qualitäten können die Elemente zerstören, ein warmes Contagion wird durch Kälte, ein festes durch Flüssiges und umgekehrt zerstört. Je nach Ansteckungsmodus und Krankheitsverlauf wird Fracastorius die Zusammensetzung und die Eigenschaften des Contagions variieren. Er unterscheidet dabei drei grundsätzlich verschiedene Arten des Contagions:

> »Das erste infiziert durch direkten Kontakt; das zweite macht das gleiche, aber hinterlässt einen Zunder, und dieses Contagion kann sich durch diesen Zunder ausbreiten, wie z.B. scabies (Krätze), phthisis (Tuberkulose), areae (kreisförmiger Haarausfall), elephanthiasis (Lepra) und Ähnliches. Mit Zunder meine ich Kleider, Gegenstände aus Holz und ähnliche Dinge, die, obwohl unversehrt, die ursprünglichen Samen des Contagion bewahren und durch sie infizieren können: drittens gibt es ein Contagion, das nicht nur durch direkten Kontakt oder durch Zunder übertragen wird, sondern auch über eine Entfernung hinweg infiziert, wie Pest, Tuberkulose, eine bestimmte Augenentzündung, ein Hautausschlag, der Pocken genannt wird und ähnliche (…) Nicht alle infizieren aus der Entfernung, aber alle durch direkten Kontakt …« (ebd., 2. Kap.).

Das seltsame Wort Zunder (fomes) hat eine lange Geschichte. Es findet sich schon in den pseudoaristotelischen »Problemata physica«, wo für die Ansteckung durch die Pest das griechische Wort »hypekkauma«, Zündstoff gebraucht wird. Das lateinische »fomes« bedeutet auch Nahrung des Feuers. Wahrscheinlich ist fomes am besten im Sinne eines Krankheitsherdes zu verstehen, der in Kleidern u. a. zurück bleibt, und von dem aus die Krankheit erneut »gezündet« werden kann. Die Wortwahl hat viel mit der aristotelischen Auffassung von Fäulnis als einer von außen kommenden Hitze zu tun, wie das Fracastorius bei der Ansteckung durch Kontakt mit einer Analogie nahe beieinander wachsender faulender Früchte erklärt:

> »In Fäulnis übergehen aber ist eine Auflösung dieser Mischung durch Abgabe innewohnender Wärme und Feuchtigkeit. Das Prinzip dieser Ausdünstung aber ist immer fremde Wärme, entweder aus der Luft oder aus der umgebenden Feuchtigkeit: also ist in beiden (Früchten) das Prinzip des Contagion dasselbe wie das Prinzip des in Fäulnis Übergehens, nämlich eine von außen kommende Hitze, aber diese Hitze kam zur ersten Frucht aus der Luft oder einer anderen Quelle, und das nennen wir nicht Contagion. Aber die Hitze ist durch die nicht fühlbaren Teilchen auf die andere Frucht übergegangen, und jetzt ist es Contagion, weil es eine gleiche Infektion in beiden Früchten gibt...« (ebd., 3. Kap.).

Das gilt auch für das Contagion, das durch Zunder infiziert. Fracastorius nennt erst die Eigenschaften, die der Zunder haben muss, damit die feinen Teilchen nicht von der Luft fortgetragen werden. Das sind seine Poren, in denen die Contagien hängen bleiben können. Dann charakterisiert er die erforderlichen Eigenschaften des Contagions:

> »Die Mischung muss erstens hart und kräftig sein, ähnlich wie Eisen und Stein, deren kleine unsichtbaren Teilchen jahrelang bestehen bleiben; zweitens benötigt sie eine Zähigkeit und muss gut durchgearbeitet sein, das heißt, die kleinen Teilchen müssen gut durchgeschüttelt sein (...) Wenn jetzt noch Zähigkeit dazukommt, ist die Mischung kraftvoll und kann zur Aufbewahrung in einem Zunder dienen (...) Solche Contagien,

> die nicht klebrig, sondern eher trocken oder völlig in Wasser gelöst sind oder sich schnell verändern, mögen zwar das Contagion dorthin tragen, was sie berühren, aber es entstehen keine Zunder, weil sie entweder nicht hängen bleiben oder weil sie sich schnell ändern« (ebd., 4. Kap.).

Da Fracastorius davon ausgeht, dass Infektion nur stattfinden kann, wenn das für die Krankheit spezifische Contagion auf dem Transport unverändert bleibt, genügt ihm die Annahme irgendeines »Miasmas« oder »Atoms« in der Luft nicht. Miasma und Atom haben für ihn keinen Charakter und kein Ziel, sie schwirren einfach umher, wie Lukrez gedichtet hat. Die Atomisten können nicht angeben, wie ihre Atome zusammenkommen und Mischungen einen definierten Charakter verleihen. Das ist eine prinzipielle Kritik, die zwei Jahrhunderte später auch der Arzt und Chemiker Georg Ernst Stahl äußern wird, der Erfinder des Verbrennungsstoffes Phlogiston. Er wird deshalb wie Fracastorius die Substanztheorie des Aristoteles vorziehen, mit der die Eigenschaften von Mischungen beschrieben werden können, statt nur über deren Gehalt an nicht nachweisbaren Teilchenformen zu phantasieren. Aus einer »Wolke von Atomen«, schreibt Fracastorius in »De sympathia et antipathia«, entstehe kein Ganzes am richtigen Platz, vor allem keines, das der Substanz entspricht, von der sie ausgesandt worden ist.

Das ganze Ausgesandte am richtigen Platz des Empfängers wird so zum entscheidenden Kriterium einer Wirkung auf Distanz. In der Renaissance war es üblich, die Distanzwirkung wie den Sehvorgang zu erklären. Dabei senden Dinge Geister, »spirituales«, aus, die im Auge des Empfängers ein getreues Abbild erzeugen. Dass eine solche geistige Qualität für die Fernwirkung materieller Teilchen, die sich sogar über die Meere ausbreiten, wie es die krankheitserregenden Contagien sind, verantwortlich sein soll, kann sich Fracastorius jedoch nicht recht vorstellen. Er bindet wie Aristoteles Bewegung an Körper oder wenigstens an »die Gestalt (natura) und die Substanz in einem Körper«. Daher könnten geistige Abbilder allein für die »bewussten Anziehungen«, die die Teilchen nach ihren Eigenschaften an einem Ort versammeln, nicht in Frage kommen. Denn die »spirituales« seien ja nicht an eine räumlich gerichtete Bewegung gebunden wie die Materie, die ihrem natürlichen Ort zustrebt, sondern würden sich in alle Richtung ausbreiten, sie sind flüchtig, entstehen jeden Augenblick neu und vergehen wieder. Mit ihnen ließe sich nicht erklären, wie und warum die Contagien im Zunder kleben bleiben und wie sie ohne Verlust ihrer Eigenschaften über weite Strecken transportiert werden. Da diese aber Form, Begrenzung und Festigkeit besitzen, müssen sie sich in ihren Abbildern zumindest in gleicher Form und Begrenzung, also materiell manifestieren. Ihre Festigkeit gewinnen sie wieder, wenn sich die zueinander passenden Teilchen unter Vermeidung eines Vakuums in einem Kontinuum aneinander lagern. Solche grundsätzlichen Überlegungen stellt Fracastorius in »De sympathia et antipathia« an.

Das geistige Abbild ist nur »ein Stück Natur in jenem Ganzen« (ebd., 5. Kap.), Bestandteil der substantiellen Form eines Elements. Fracastorius gebraucht das Abbild wie eine Matrize, in die sich die Teilchen einpassen. Am Beispiel der Luft wird deutlich, wie er das meint: Luft sammelt sich an einem Ort, dies entspricht einer Bewegung von Teilchen, »die sich in einem Ganzen an ihren Platz begeben, verursacht durch das erwähnte Abbild«. Gleiche Teilchen gehören aufgrund ihrer Sympathie zusammen und suchen einander. Deshalb sinken in einer verdünnten und weit auseinander gezogenen Luft die oberen Teilchen wieder nach unten und treffen auf das Ganze an seinen natürlichen Ort aufsteigende Element. Sie streben an den Ort, der in ihnen vorherrscht, und ziehen Ähnliches an. In diesem Verhältnis der Teile zu ihrem Ganzen liegt die Spannung des Naturgeschehens.

Die Ähnlichkeit von Teilchen wird so zum eigentlichen Problem seiner Leitidee (ebd., 7. Kap.). Worin besteht die Ähnlichkeit? Warum zieht ein Magnet einen Magneten nicht an, Eisen aber wohl? Was ist die Ähnlichkeit von Bernstein und Stahl mit Haar, das von ihnen angezogen wird? Und warum ziehen sich Steine nicht an? Oder Fleisch? Das ist so, sagt er, weil es nicht die äußere Erscheinung ist, die etwas gleich oder ähnlich macht, sondern ihr »wesentliches Merkmal« (»propria subiecto« – das unterlegte Eigentümliche), das in formlosen Mischungen oft nur latent, seinem Vermögen nach vorhanden ist und von den Teilchen, die in Aktion sind, verdeckt wird. Vom diesem wesentlichen Merkmal stammt das Geistige, das ausgesandt wird und die Vorlage für eine Vereinigung der materiellen Teilchen liefert.

Fracastorius kann so auf »okkulte Qualitäten« verzichten, mit denen seine Zeitgenossen die Ansteckung erklären wollten, und eine Fernwirkung bei Ansteckung materiell begründen. Das ist sein zentraler Gedanke, den er schlicht und seine Gegner entwaffnend zusammenfasst:

> »Da jede Aktivität entweder von einer Substanz oder einer materiellen oder spirituellen Qualität kommt, sollen sie sagen, durch welches Prinzip die Aktionen des Contagien hervorgerufen werden. Wenn es sicher ist, dass sie durch Substanz und Form hervorgerufen werden, warum ist es dann nötig, sie verborgene Eigenschaften zu nennen? (...) Aber sollen sie sie nennen wie sie wollen, jedenfalls kann diese Form nur örtliche Bewegungen nach oben und unten vollführen und Verdünnung und Verdichtung, und auch kein Contagion hervorbringen, das an sich keine örtliche Bewegung ist, sondern vielmehr das Vergehen (corruptio) von Etwas und das Werden (generatio) von Etwas. Aber wenn sie von einer anderen Qualität sprechen wollen, dann können sie nicht, wenn diese Qualität materiell sein soll, von etwas anderem als Bekanntem sprechen, es sei denn sie erfänden eine bisher unbekannte Art, welche weder Wärme noch Feuchtigkeit, noch Trockenheit sein kann. Und das ist ganz unmöglich. Aber wenn sie irgendeine spirituelle Qualität als Grund angeben, warum haben sie dann nicht wenigstens einen geläufigen Begriff genommen und gerade heraus gesagt, dass etwas Geistiges

> diese Contagien produziert. Aber sicher können sie das als Ursache nicht zugeben, vor allem weil die Geister nur so lange existieren können wie die Quelle existiert, der sie entströmt sind (…) sie [die Contagien] werden sogar von Ort zu Ort getragen und überqueren selbst das Meer; dies ist ein Beweis dafür, dass dieses Etwas ein Körper ist. Aber wenn sie zugestehen, das dieses Etwas ein Körper ist, der von Ort zu Ort getragen wird, und in der Tat dennoch unnötigerweise auf eine hergeholte geistige Qualität zurückgreifen, passt das nicht zusammen. Wenn das Contagion richtig definiert worden ist, folgt daraus, dass das, was sich im zweiten (Objekt) entwickelt, dasselbe wie das im ersten sein muss, und dass das Prinzip in beiden dasselbe sein muss, auch im vierten oder fünften und in weiteren, die das Contagion aufgenommen haben (…). Aber die Geister können in einem zweiten (Körper) nicht das Gleiche auslösen wie im ersten, da nämlich alles Hervorbringen durch primäre Qualitäten erfolgt« (De Contagione, 6. Kap.).

Einmal mehr zeigt sich hier die Stärke des auf Aristoteles beruhenden materialistischen Ansatzes, der es Fracastorius erlaubt, gegen die undefinierbaren geisterhaften Wirkungen vorzugehen. Es sind ausschließlich die primären Qualitäten des Aristoteles, Ausdehnung, Form, Quantität und Bewegung, die die Aktivitäten der Materie steuern.

Nun hat er das erreicht, was er wollte: Das Contagion ist als ein materielles Teilchen definiert, das in allen seinen möglichen Wirkungen niemals seinen substantiellen Charakter verliert und sich sogar vermehren kann. Denn sämtliche Formen, die die Materie bestimmen, die sie »in Form halten«, also auch die Contagien, sind ein für allemal festgelegt, sie sind angeboren und können sich fortpflanzen, indem sie von ihrer Oberfläche eine dünne Schicht abfeilen und »aussprossen«. So entsteht ein getreues Abbild (simulacrum) der Ausgangsform, allerdings ohne deren Festigkeit, die erst wieder ihre Mischung verleiht.

Die Untersuchung der Wirkung der verschiedenen Contagien auf den menschlichen Körper kann jetzt beginnen. Im 10. Kapitel von »De sympathia et antipathia« entwickelt er ein Modell aus der chemischen Reaktion zwischen Kalk und Wasser, mit dem er aus der ihm zugänglichen sichtbaren Welt etwas beschreiben will, was als Vorstellung über die Reaktionsweise des hypothetischen und nicht nachweisbaren Contagions nur in seinem Kopf existiert. Mit dem analogen Modell des bei Eindringen von Wasser unter Wärmeentwicklung zerfallenden porösen Kalkes kann er sich ein Bild machen und für alle nachvollziehbar durchspielen, wie Contagien durch die Poren in den Körper gelangen und dort Wärme und Fäulnis auslösen, der zu Gewebezerfall und Krankheit führt.

Die Pore als ein zentraler Bestandteil der galenischen Medizintheorie stellt die Verbindung des Organismus nach außen her, durch sie dringen die krank machenden Stoffe ein und werden wieder hinaus transportiert und durch sie sollen Medikamente wirken. Dazu muss erst die Luft aus den Poren entweichen, um durch die krank machenden Stoffe oder Medikamente ersetzt zu werden. Er fragt sich deshalb bei der Reaktion von Kalk mit Wasser, warum die Luft nicht von alleine entweicht, sondern erst, wenn Wasser eindringt, wo sie doch unter Zwang an einem ihr nicht natürlichen Ort festgehalten wird:

»Die Teile eines Elements sind ja nur dann an ihrem natürlichen Ort, wenn sie so über die Sphäre ihres Ganzen verteilt sind, dass keiner von ihnen abgetrennt und vom Ganzen entfernt ist, sondern sie vielmehr alle eine gleichwertige Stellung in ihm haben«. Luft bleibt dort, so sagt er, weil es keinen Grund für sie gibt zu entweichen, solange der poröse Gegenstand sich in Luft befindet, denn es hat keinen Sinn, die eine Luft einfach durch eine andere zu ersetzen. Wird der poröse Gegenstand in Wasser getaucht, entweicht dagegen die Luft und wird »zum Ort des Ganzen« hinausbefördert. Dann folgt Wasser nach, das »ebenfalls unter einem gewissen Zwang aus seinem Ganzen heraus tritt«, der aber geringer ist als bei der Luft, da es sich bei beiden, beim porösen Gegenstand und beim Wasser, um schwere Dinge handelt, sie somit einander analog sind und zueinander passen (ebd., 10. Kap.).

In Mischungen kann diese Analogie unter ähnlichen Teilchen umso stärker wirken, je feiner sie ist, und dadurch verhindern, dass die Unähnlichen den Zusammenhalt zerstören und die Mischung sich auflöst. Die unähnlichen Teilchen bleiben weit verstreut in der feinen Mischung erhalten (ebd., 11. Kap.) so wie das Contagion in der Luft. Seine Feinverteilung ist der Grund für seine weite Verbreitung und Beständigkeit. Sicher sei, sagt er dazu weiter in »De Contagione«, dass die klebrigen und langsamsten dieser kleinsten Teilchen, also die, die im Zunder hängen bleiben, fast so lange leben könnten wie die harten Teilchen der Materie. Die harten Partikel seien sehr widerstandsfähig gegen Veränderungen, weil viele auf kleinem Raum mehr Materie haben, weil sie wegen ihrer erdigen Anteile kälter sind und weil sie wegen ihrer großen Dichte nicht leicht zerstört werden können und sich in ihrem Inneren nicht verändern, wie Metalle und Steine.

Auch die Samen des Contagions, die aus einer Mischung erdiger und feuriger Teile bestünden, würden sich im Innern nicht ändern. Diese Stabilität sei wichtig für die Wirkung, die die Samen in dem Körper hervorrufen, in den sie eindringen. Sie sind scharf, obwohl sie langsam sind, und sie werden aktiv, wenn tierische Wärme ihre Mischung verfeinert. Dann kann ihr Angriff sehr plötzlicher folgen. Die Samen werden dann von einem Auge in das andere geschleudert und rufen dort eine Infektion hervor. Einige dringen so schnell in das Tier ein »dass sie aus den kleinen Poren, Venen und Arterien in die großen vordringen und von da in andere und oft das Herz erreichen«. Und sie können sich dabei vermehren:

> »Eine Art des Eindringens ist die Ausbreitung durch Aussprießen: denn die ersten Samen, die sich an die benachbarten Säfte, denen sie analog sind, angeheftet haben, bringen ganz ähnliche Samen hervor und die wiederum andere, die sich ausbreiten, bis alle Säfte von ihnen infiziert sind. Eine zweite Art besteht in der Attraktion, die im Inneren teils durch angestrengtes Atmen, teils durch die Erweiterung der Venen erfolgt.

> Denn gleichzeitig mit der Luft treten die mit ihr vermischten Samen von Contagien ein, und wenn sie einmal eingebracht sind, können sie nicht so leicht wieder ausgeatmet werden wie sie eingeatmet worden sind, da sie ja nun an Säfte und Glieder angeheftet sind, einige sogar an die Geister, die nun ihren Feind, nachdem sie ihre gegenteilige Eigenschaft abgelegt haben, sogar bis ins Herz tragen…«. Wieder andere dringen langsam ein, wenn sie »weniger scharf oder in der großer Zähigkeit begraben und den dickeren Säften analog sind und durch die Venen gezogen werden. Diejenigen, die durch angestrengtes Atem eindringen und die subtiler und viel schärfer und den Geistern analog sind, sind schneller. Vielleicht gibt es noch eine weitere Art des Eindringens; denn jede Ausdampfung diffundiert sehr leicht aus der Enge in das Weite: weil ja die die Blutgefäße in der Peripherie kleiner und enger sind und in Richtung Herz immer weiter werden, resultiert daraus eine sehr leichte Diffusion des Contagion aus den engen in die weiteren Blutgefäße, wo auch die Wärme größer ist, und so werden sie, wenn sie auf kein Hindernis treffen, bis ins Herz transportiert« (De Contagione, 8. Kap.).

Damit wären die wesentlichen Elemente beschrieben, die Fracastorius für die Erklärung der Ursachen und Therapien der einzelnen Infektionskrankheiten im 2. und 3. Buch benutzt.

Und was ist nun neu am Contagion des Fracastorius?
Historisch gesehen waren die Auswirkungen seiner therapeutischen Vorschläge gering, nicht jedoch die Spekulation eines selbständigen »Samens« mit definierten Fähigkeiten zur Infektion. Damit hat er mit zahlreichen diffusen Vorstellungen seiner Vorgänger und Zeitgenossen aufgeräumt.

Lässt man seine Argumentationskette noch einmal Revue passieren, wird vor allem eine meisterhafte Beherrschung der Substanzlehre des Aristoteles, der Krankheitslehre des Galen und des medizinischen Kanons des Avicenna deutlich. Er ist in ihnen so zu Hause, dass er ihre Elemente fast spielerisch zu einem organischen Ganzen verknüpft. Er ist ein Architekt. Das spekulierte Ergebnis ist eine in sich stimmige Beschreibung des Infektionsverlaufs und der Therapie ganz unterschiedlicher ansteckender Krankheiten. Neu ist an diesen Grundlagen gar nichts, nicht einmal die »fomes«, sein Zunder, der schon in den pseudoaristotelischen »Problemata physica« genannt wird. Neu ist auch nicht die Erkenntnis, dass bestimmte Krankheiten ansteckend und deshalb gefährlich sind. Von Galen über Rhazes und Avicenna, die Schule von Salerno bis hin zu Bernhard de Gordon und Jean Jasme kursierten immer schon leicht abgewandelte Listen ansteckender Krankheiten. Neu ist eine *zwingende medizinische Logik,* die Fracastorius aus sehr genauen Beobachtungen analoger Phänomene in der Natur, von Krankheitssymptomen und Ansteckungsmodus und durch kontrolliertes therapeutisches Vorgehen gewonnen hat. Das hat ihn dazu gebracht, für den Entzündungsstoff kleinste Teilchen, die er mit Lukrez »semina« und nicht mit Aristoteles »minima« nennt, zu postulieren und sie mit Eigenschaften auszustatten, die den medizinischen Erfordernissen Rechnung trägt und in die alten Theoriegebäude passt. Die kleinsten Teilchen sind also auch nicht neu.

Er verwendet große Mühe auf die exakte Definition des Contagions für jede einzelne Infektionskrankheit. Das hat vor ihm noch niemand gemacht. Beim Demokritanhänger Lukrez schwirren die Samen umher, erheben sich durch Zufall und machen die Luft ganz allgemein krankheitserregend. Bei Galen und Avicenna vermischen sich undefinierte faulige Ausdünstungen mit der Luft und befallen den Körper, der wegen schlechter Ernährung zur Fäulnis disponiert ist. Rhazes erklärt die Anfälligkeit der Kinder für Windpocken und Masern mit der größeren Feuchtigkeit des kindlichen Blutes, das er mit nicht ausgereiftem Most vergleicht; und bei Avicenna, der die Infektionswege schon genauer betrachtet, zersetzen sich die Substanzen der Luft und faulen ebenso wie stehendes Wasser. In von abendländischen Ärzten verfassten Standardwerken der Medizin wie dem »Regimen Salernitanum« oder dem »Lilium medicinae« des Bernhard de Gordon werden lediglich Diätanweisungen gegeben oder Listen zusammengestellt und Infektionen durch ein nicht näher genanntes Gift ausgelöst.

Fracastorius nimmt strenge Abgrenzungen vor gegen Gift und geistige Ausstrahlungen, denen er wohl begründet entweder keine oder nur eine untergeordnete Rolle im Infektionsgeschehen zuweist, und wehrt sich gegen irgendwelche und verborgene Eigenschaften. Er ist sich so sicher, dass es sich beim Contagion um Materie handeln muss, dass er sogar einen Mechanismus für seine Vermehrung durch Abbilder angibt. Damit hat er das Contagion als etwas Eigenständiges und Lebendiges etabliert.

Mit dem Mikroskop hundert Jahre später wurde alles anders. Der Jesuit Athansius Kircher konnte schon mit etwas spekulieren, was er gesehen hatte. In »Natürliche und Medicinalische Durchgründung der laidigen ansteckenden Sucht und so genannten Pestilenz« von 1680 (lat. 1658) werden »aus der Verfaulung immerdar kleine und unsichtbare vergiftete Corpuscula in die umliegenden und nächsten Leiber aufgeblasen«. Es seien nicht Qualitäten und Akzidentien, sondern »allerkleinste Leiblein, Corpuscula genannt«, die da ausfließen und wie in einem Wagen die Eigenschaften transportierten. Sie seien jedoch tot und würden erst durch »die äußere Hitze der schon verderbten und angezündeten Luft lebendig«, und es würden unsagbar viele kleine Würmlein erwachsen, »so dass man diesen Ausfluss der giftigen Exhalation nicht mehr eine tote, sondern eine lebendige Effluenz nennen kann« (Kap. VII, S. 34).

Es ist gut zu erkennen, dass Kircher zwar etwas gesehen hat, seine Wertung und sein Bezug zum Krankheitsgeschehen aber im Gegensatz zu Fracastorius nur bildhaft aufgeladen ist, aber ohne leitende Idee begrifflich unscharf bleibt. Fracastorius hatte neben der klinischen Erfahrung eine klare Perspektive und den Willen zur wissenschaftlichen Systematisierung, gegen ihn wirkt Kircher mitsamt seinem Mikroskop wie ein Irrläufer in Versatzstücken antiker Philosophie. Er betreibt »ein leichtsinniges Spiel mit Einbildungen, statt mit Begriffen« (Kant, Kritik der reinen Vernunft, B 78). So scheint sein Blick durch das neue Instrument keine neue Erkenntnis, sondern eine disziplinlose und ungebremste Spekulationsfreude befördert zu haben. Er hat etwas gesehen, aber nichts durchschaut. Es ist nicht einmal sicher, ob diese Würmlein für die Pest verantwortlich zu machen sind. Ihre Effluvien sind ins Blaue hinein spekulierte, irgendwie giftdurchtränkte Geister, während die spekulierten Geister des Fracastorius materiell gebunden und an ein exakt definiertes Infektionsgeschehen angepasst sind. Fracastorius hat seine Contagien nicht gesehen, aber den Infektionsablauf durchschaut. Die Beobachtung alleine reicht eben nicht aus, um ein komplexes Geschehen zu verstehen. Und trotzdem werden Kirchers unbegriffene Würmlein die wissenschaftliche Zukunft bestimmen – eben weil man sie sehen konnte. Die Contagien blieben als reine Idee für immer unsichtbar im Kopf des Meisters, der sie erfunden hat – als ein fein durchgearbeitetes Denkmal eines erneuerten antiken wissenschaftlichen Naturverständnisses.

Literatur

Hieronymi Fracastorii Veronensis, De sympathia et antipathia rerum liber unus, De Contagione et contagiosis morbis et curatione libri III. Venedig 1546.

– De sympathia et antipathia liber unus. Übersetzt von Gerhard Emil Weidmann. Inaugural-Dissertation. Zürich 1979. Weidmann plegt leider mit den wohl definierten Begriffen des Aristoteles für locus, suiectum, substantia, potentia, actus, antiperistasis, continuum, contiguum, species, simulacrum, natura und forma einen ganz bewusstlosen Umgang und wird damit, wie Wright, der Entwicklung des Contagion aus der aristotelischen Substanzlehre nicht gerecht. Ich habe ihn für eine eigene Übersetzung benutzt.

– Contagion, Contagious Diseases and their treatment. Lat.-engl. Parallelausgabe, übersetzt von Wilmer Cave Wright. New York und London 1930. Eigene Übersetzung unter Zuhilfenahme der englischen.

Concetta Pennuto hat »De Sympathia et Antipathia« 2008 ins Italienische übersetzt, mit einem gigantischen Anhang.

Isabelle Pantin, »Fracastoro's De Contagione and Medieval Reflection of ›Action at a Distance‹: Old and New Trends in Renaissance Discourse on Contagion«. In: Clarin, Claire (Hg.) Imaging Contagion in early modern Europe. New York 2005. Das ist ein sehr brauchbarer Artikel, der besonders die Verwandlung der species und seminaria spiritualia in Contagion behandelt, aber sich fast nicht zur Verbindung mit der aristotelischen Substanzlehre äußert. Pantin will vor allem klären, wie die ›Action at a Distance‹ abläuft, mich interessiert vor allem, wie Fracastorius der spirituellen Wirkung eine materielle Basis verschafft.

Galen, Über die Arten der Fieber (auf Grundlage der arabischen Übersetzung aus dem Griechischen des Hunain Ibn Isâq, deutsche Übersetzung von Matthias Wernhard, München 2004).

Rhazes, A Treatise on the Small-Pox and Measles. Aus dem Arabischen übersetzt von William Alexander Greenhill. London 1848.

Schule von Salerno

William Cave Wright zitiert in der Einleitung zu seiner Übersetzung Fracastoros einen Text, der angeblich aus dem »Regimen Salernitanum« stammt. Dort steht er aber nicht, sondern in einer Sammlung nicht veröffentlichter Manuskripte, die Salvatore de Renzi unter dem Titel »Flos medicinae scholae Salerni« in seiner »Collectio Salernitana« 1852-1858 in Neapel herausgegeben hat, Vol. 1, p. 508. Sie soll aus dem X. oder XI. Jahrhundert stammen. Fracastorius konnte sie nicht kennen, aber vielleicht war diese Auffassung viel weiter verbreitet als die ausschließlich galenische Sicht, die in den allgemein zugänglichen Schriften, vor allem aus dem »Regimen Salernitanum«, anklingt. Das Zitat aus Wright wird hier um die zwei vorhergehenden Zeilen verlängert:

»Ne pariant teneris variolae funera natis
illorum venia variolas mitte salubres
Seu potius morbi contagia tangere vitent
Aegrum aegrique halitus, velamina, lintea, vestes,
Ipseque quae tetigit male pura corpora d'extra?«

Mein Versuch einer Übersetzung des grammatikalisch verstümmelten Latein:

Jugendliche werden nicht von den Pocken verschont
(wörtlich: die Beerdigungen der Pocken gehorchen nicht dem jugendlichen Alter)
Bei ihnen verlaufen die Pocken mild und sie gesunden
(wörtlich: die Nachsicht für jene macht die Pocken mild und heilend)
Oder führt vielmehr die Berührung der Krankheit zum Verderben,
Die Krankheit und das Atmen der Krankheit, die Gewänder, das Leinen, die Kleider,
Über die das Schlechte in die reinen Körper von außen gelangt?

Bernhard de Gordon, Lilium medicinae 1305 (Lyon 1559), S. 271. Morbi contagiosi.

»Lippa autem est morbus infectionis, cum aliquid ab eo resolvatur. Morbi autem infectivi in his versibus continentur:
Febris acuta, phthisis, pedicon, scabies, Sacer ignii, Anthrax, lippa, lepra
Nobis contagia praestant«.

(Eigene Übersetzung:)
Ansteckende Krankheiten
Augenentzündung aber ist eine infektiöse Erkrankung, mit irgendetwas, das von ihr aufgelöst wird. Die übrigen Infektionskrankheiten sind in diesen Versen enthalten:
Akutes Fieber, Tuberkulose, Krätze, Antoniusfeuer (Mutterkornvergiftung), Milzbrand und Lepra
Zeigen sich uns als Ansteckungen.

Jean Jasme, Pest 1481 (Joannis Jacobi): Remede tresutile (con) tre fieure pestile(n)cieuse). Eine galenische Sicht.

Immanuel Kant, Kritik der reinen Vernunft. Stuttgart 2009.

Athanasius Kircher, Natürliche und Medicinalische Durchgründung der laidigen ansteckenden Sucht und so genanten Pestilenz 1680 (Übersetzung der »Scrutinum physicomedicum contagiosae luis quae pestis dicitur« 1658).

Stahl

Abbildung 14: Georg Ernst Stahl (1660 bis 1734).

Stahl
Das Phlogiston der Verbrennung

Die Griechen haben Feuer und Wissenschaft im Mythos des Prometheus verdichtet. Er stahl den Göttern das Feuer, aber er wurde auch als Geburtshelfer der Athene von ihr zum Dank in Architektur, Astronomie, Mathematik, Navigation, Medizin, Metallurgie und anderen nützlichen Künsten unterrichtet. Dass der rächende Zeus ihn für den Feuerdiebstahl unsäglich leiden ließ, ist bekannt. Folgt man Robert von Ranke-Graves, dann ist der Name des Prometheus eine Verballhornung des Sanskritwortes »pramantha«, und das bedeutet »Feuerreiber«.

Seit fast einer Million Jahren nutzt der Mensch das Feuer. Inzwischen hat er gelernt, es einigermaßen zu beherrschen und die Verbrennung zu steuern. Eine erste Grundlage für ein tieferes Verständnis hat aber erst der Arzt und Chemiker Georg Ernst Stahl (1660-1734) gelegt. Er ist der Schöpfer der Phlogistontheorie der Verbrennung, mit der Oxidation und Reduktion durch den Austausch eines fiktiven Teilchens erstmals als gekoppelter chemischer Prozess gedeutet werden konnte. Das niemals nachgewiesene Phlogiston ist das Ergebnis einer Spekulation zur Vermeidung von Ausschuss in chemischen Prozessen. Stahl hat sie als Medizinprofessor in Halle entwickelt, wo er auch Vorlesungen über Chemie hielt und sich mit Einzelheiten der Erzverhüttung, der Salpetersiederei, der Färberei und Bier- und Weinzubereitung befasste. Er musste viel Verschwendung konstatieren, weil die Praktiker keinen theoretischen Leitfaden hatten und mit ihrer Erfahrung nur herumprobierten, während die Professoren nur »müßig und spitzfindig« über alte Theorien grübelten. Das wollte er ändern.

Als Stein des Anstoßes galten ihm vor allem »die wunderlichen Vorstellungen« der Alten über Verbindungen und deren Wiederauflösung. Sie hätten von einer Mischung geglaubt, sie sei eine innige Durchdringung eines Prinzips bzw. eines Elements in ein anderes, und als blieben, wenn man sie teilt, auch noch die mathematisch unendlich kleinen Teilchen eine Verbindung. Er nannte das eine »närrische Zergliederung«. Es sei vielmehr davon auszugehen, »dass man aus einer bestimmten Verbindung bei der Teilung ja nicht mehr Korpuskeln erwarte, als sich zur Konstituierung eben dieser Verbindung vereinigt haben, nicht nach einer unendlichen, sondern allerdings nach einer endlichen determinierten Anzahl«. Stahl war sich voll darüber im Klaren, dass das mathematisch Unendliche in der physikalischen Welt nichts zu suchen hat, und nannte des Aristoteles Kunst zu dividieren, die kleinsten natürlichen Körper quasi »zum Zeitvertreib« ad infinitum zu »zerteilen und zerspitzeln« ein »Spielwerk müßiger Köpfe«, eine »bloße Phantasie im Gehirn« und »mathematische Grille«. So könne man das nicht machen, denn die Verbindungen der Teilchen, die eine Mischung ausmachen, ließen sich an bestimmten »Fugen und Juncturen« wieder voneinander trennen, ihre Anzahl sei daher nicht beliebig. (Specimen Becherianum, Grund-Mixtion S. 3, 6, 14, 15).

Die Ablehnung der rein quantitativen mathematischen Spekulationen des Aristoteles bedeutete für Stahl nicht die Ablehnung seiner qualitativ bestimmten vier Elemente Feuer, Wasser, Erde und Luft. Aber er stellt ihre seit 2000 Jahren unveränderlich wiedergekäuten Eigenschaften auf den Prüfstand. Diese vier Elemente sind für ihn »keine Grund Materien der Mixtionen« mehr. Sie haben weder eine ein für allemal festgelegte Gestalt noch unveränderliche Eigenschaften. Sie ändern sich mit den Aggregatzuständen. Wasser ist flüssig und als Eis fest. Sie ändern sich mit der Größe. Erde ist der ganze Erdkreis und das kleinste Stäubchen, Feuer ein kleines Fünkchen oder ein Feuer speiender Berg. Sie verändern sich in ihrer Bewegung, in der Kombination mit anderen Stoffen, in den Lösungen und Mischungen. So wird Erde, die eigentlich ruhen müsste, in einer Mischung aktiv, ihre Elemente konkurrieren miteinander, sie handelten als einzelne Teilchen und nicht als ein einheitliches Element Erde. Stahl entwickelt die Grundgedanken einer qualitativen analytischen Chemie, die Substanzen in den Veränderungen ihrer Eigenschaften verfolgt und nicht in apodiktischen Urteilen verharrt.

Trotz dieser Vorbehalte sind für Stahl die vier Elemente des Aristoteles einem »ausschweifenden Conceptus von unzehlbaren Arten der einfachen Figuren, welche so unbeschreiblich viel Arten der Particulchen an sich haben sollen«, überlegen und in Wahrheit viel gründlicher. Es sei viel leichter, sagt er, in den Mischungen solche Körper nachzuweisen, die feurige, wässrige und irdische Eigenschaften haben, als aus ihnen etwas zu isolieren, das eine irgendwie geartete und spekulierte, aber von keinem zu beweisende oder sinnlich erfassbare Figur kleinster Teilchen haben soll. Das richtet sich offensichtlich gegen die mathematische Chemie Platons, der die Elemente aus fünf abstrakten, »wahrhaften« geometrischen Figuren konstruiert und ihnen den Formen entsprechende Eigenschaften zugeordnet hatte.

Stahl ist deshalb vom Arzt und Chemiker Johann Joachim Becher (1635-1682) begeistert, der als erster statt von nur einer von drei Erden mit unterschiedlichen Eigenschaften gesprochen hatte, der »terra fusilis« als feuerbeständige und verglasbare, der »terra fluida« als geschmeidige, schmelzbare und flüchtige und der »terra pinguis« als fette, ölhaltige und brennbare Erde. Die »terra pinguis« oder brennbare Erde hat Stahl auf die Idee gebracht, dass es so etwas wie ein Prinzip der Brennbarkeit, »ein elementarisches Feuer«, geben müsse, das in den Stoffen enthalten ist und in ihrer Gegenwart wirksam wird. Das elementarische Feuer wäre dann nicht mehr die hoch über der Luft liegende Feuersphäre des Aristoteles, nicht mehr eine absolut selbständige »materia absolutissimam«, sondern bliebe als Prinzip in den chemischen Reaktionen zwischen den Elementen gefangen. Es ist der zweite Diebstahl des Feuers nach dem des Prometheus:

> »Vom Feuer ist hier zu mercken, daß man sich dieselbe nicht als eine materiam absolutissimam, die für sich selbst bestehet, vorstellen müsse, welches seiner einfachen, reinen und blossen Art nach dasjenige ausmachete, was wir Feuer nennen. Nein keineswegs; sondern wir verstehen das entzündete, brennende, flammende

> Feuer, worzu vonnöthen ist, daß diese feurige Materie mit anderen Dingen zusammen trete, in deren Vereinigung sie endlich dem motui (der Bewegung) unterworffen ist, den wir feurig, flammig, warm, hitzig nennen. Jedoch mit der ausdrücklichen Bedingung, daß auch in solcher Vereinigung mit anderen Dingen dasjenige Wesen, was zuerst und directe den gantzen Zusammenhalt zur feurigen Bewegung geschickt macht, allein dieses principium sey, daß wir daher von diesem eigentlichen effectu das elementarische Feuer besser ein elementum oder principium des Feuers nennen können, nemlich a posteriori von seinem wichtigen und besondern effectu: weil wir doch a priori keinen andern Concept davon haben, noch auch eine Gelegenheit und methode antreffen, wodurch uns seine Benennung deutlicher werden möchte« (Grund-Mixtion, S. 53).

Stahl hält Festlegungen, was das Feuer denn sei, vor einer Beobachtung seiner Effekte (a priori) für ganz müßig. Aber auch danach (a posteriori) ist eine Definition schwierig, weil er das »elementarische Feuer« materiell nicht zu fassen bekommt. Er ringt um Klarheit. Ob das »elementarische Feuer«, sein Phlogiston, ein Prinzip, ein Element oder etwas Anderes ist, welches Adjektiv dem Feuer entspricht, entzündet, brennend oder flammend, und wie seine Bewegung beschrieben werden kann, als feurig, flammig oder hitzig, bleibt unbestimmt. Sicher ist er sich nur, dass das Phlogiston ein Körper ist und mit anderen Dingen zusammentreten muss, um seine Wirkung zu entfalten. Das hat er aus chemischen Reaktionen und der Verwandlung von Metallkalken (Metalloxiden) in reine Metalle mit Hilfe brennender Kohle geschlossen und in seinen Vorlesungen mit einem Lötkolben demonstriert.

Deshalb diene das Feuer »mehr zum instrumentum als zur Materie«, und zwar überall, auch in unterirdischen Mischungen und nicht nur in denen über der Erde. Es löse in diesen Substanzen eine Bewegung aus, die man sich ohne eine Vereinigung der Teilchen mit dem Feuer nicht vorstellen könne.

Es sei ein konstitutiver Bestandteil der Verbindungen und dort nicht einfach »das Feuer selbst«. Dieses »principium igneum«, das »Flammen-fähige« habe er Phlogiston genannt, und er verstehe darunter »die Grund-Materie, welche feurig werden kann und flammenfähig ist«, das »directe und für andern Dinge fähig ist, die Wärme anzurichten und zu erhalten, wenn es nehmlich in einem mixtio mit andern Grund-Materien zusammen kommt«. Mit anderen Worten: Das Phlogiston ist eine Substanz, die ihre Wirkung, Flammen und Wärme zu erzeugen, nur in Verbindung mit anderen Substanzen entfaltet. Das ist für das Feuer der Totalverlust einer seit Urzeiten angenommenen Selbständigkeit.

Voraussetzung für die Wirksamkeit eines Prozesses, in den das Phlogiston als brennbares Prinzip involviert ist, ist eine gewisse »Fluidität«: entweder eine wässrig-feuchte, eine luftige und dampfmachende oder eine flammenwerfende, rauchende und schmelzende. Wer also gezielt Stoffe herstellen oder Metalle gewinnen wolle, müsse verstehen, wie eine solche Fluidiät herzustellen sei, damit das Phlogiston seine Wirkung entfalten könne. Dann sei es möglich, den Prozess auch umzukehren wie zum Beispiel die Reduktion der »glasichten Schlacken« des Antimon »durch die substanz des feuerfähigen Prinzips, welches man unmittelbar durch eingeworffene Kohlen hinzusetzet«. Die »minima« oder »kleine Stäubgen« bekämen dadurch »einen freyen Weg zur operation« und könnten sich »ungehindert untereinander begegnen, mithin frey zusammen treten und vereinigen«. Wer aber als Laborant die Mischungen so dick mache wie einen Bauernbrei, schmälere das Ergebnis. Ein echter Chemiker sollte mehr verstehen, »als ein gemeines Recept mit mehreren Salbadereyen auszuspicken«, das heißt durch mehrere Salzbäder zu analysieren (Grund-Mixtion, S. 69-72).

Es ist heute nicht leicht einzusehen, warum das feuerfähige Prinzip Stahls, sein Phlogiston, aus der Erde und nicht aus der Luft stammen soll. Seit über 200 Jahren, seit Scheele und Lavoisier, denken wir spontan an den Sauerstoff der Luft als Träger der Verbrennung und nicht an seinen in der belebten und unbelebten Materie gebundenen, immensen Anteil. Seinetwegen sind manche Stoffe sehr leicht entzündlich und bei seinem Fehlen nur mit einigen Kunstgriffen zu verbrennen. In der Unterscheidung der drei Erden, die Becher vorgenommen hat, klingt das an, und Stahl verweist ausdrücklich auf den erstmals von Becher ausgesprochenen Gedanken, die Materie des Feuers sei eine Substanz, »welche der erdichten Art, Mischung und Zusammensetzung gleich komme«. Danach ist Feuer in den Stoffen enthalten. Das hätten die Peripatetiker seit Aristoteles zwar immer vertreten, sagt Stahl, für sie sei das Feuer »ein materialisches Principium aller vermischten Dinge« gewesen, aber sie hätten denoch von der Materialität des Feuers eigentlich keinen Begriff gehabt. Sie hätten zwar erkannt, dass in verschiedenen vermischten und zusammengesetzten Dingen etwas sei, das »durch Bewegungen des Feuers getrieben, ja selbst in Feuer verwandelt werden könne; aber sie haben nichts gründliches weder von der Materie, noch von der Bewegung eingesehen« (ebd., S. 180f.). Die entscheidende Erkenntnis habe gefehlt, dass in unzählbaren Mischungen eine Materie sei, die unter bestimmten Umständen »unmittelbares Subjectum des Feuers« ist oder werden kann, und die sich nur zu erkennen gibt, wenn sie in Verbindung mit anderen Materien tritt. Diese Wirkung lasse sich verfolgen, entweder als Wärme, als Licht, als Feuer, auf jeden Fall aber immer »in Gestalt der Subtilisirung«, einer Verfeinerung der Materie.

Es sind die gleichen Wirkungen, die Becher für das »Schwefel-Urwesen« beschreibt, für Schwefel als Prinzip des Feuers seit Paracelsus und anderen Alchemisten. Bei ihnen ist die Luft nur für die Feinverteilung der Materie bei der Verbrennung verantwortlich. Das ist auch Stahls Meinung, selbst für sein Phlogiston: »Wann es aber einmal durch die Feuers-Bewegung, mit Zuthun der freyen Luft, verstäubet und verflogen, so dann und dadurch in eine solche allen Sinnen unerkänntliche Zartigkeit, und unermäßliche Außspreitung, zerstreuet werde, daß von dar an keine, noch bekannte menschliche Wissenschafft es zu erkennen, oder menschliche Kunst es wieder zusammen zu treiben, oder in die Enge zu bringen und zu versammlen mächtig sey« (Sulphure, S. 79). In der Luft wird das aus den brennbaren Substanzen entwichene Phlogiston so sehr verflüchtigt, dass es unauffindbar bleibt und keine spürbaren Wirkungen mehr ausüben kann.

Die ganze Argumentation läuft darauf hinaus, dass das brennbare Phlogiston in der Luft verpufft, wenn es seine Wirkung nicht in den Mischungen verschiedener Substanzen entfalten kann. Nach heutigem Verständnis ist es genau umgekehrt: Der brennbare Sauerstoff wird aus der Luft aufgenommen und bei der Verbrennung an die Substanzen gebunden, die dadurch schwerer werden. Stahls Verbrennungsprodukte sind nach Verlust des Phlogistons jedoch leichter geworden. Um das zu erkennen, genügte die qualitative Analyse alleine nicht mehr. Die ersten Ansätze einer quantitativen Messung der Reaktionsprodukte waren zu Stahls Zeiten noch viel zu grob, um die feinen Gewichtsunterschiede sicher zu bestimmen, ganz abgesehen davon, dass Gase schwer einzufangen und zu bestimmen und nicht Gegenstand systematischer Untersuchungen waren. Man konnte sich zu Stahls Zeiten gerade erst einen ungefähren Eindruck von Temperatur und Luftdruck verschaffen (Abbildung 15, S. 90).

Das Phlogiston bleibt aber nicht fein verteilt in der Luft, sondern wird von den Pflanzen »in seiner ursprünglichen Simplicität ... darein gezogen« und gerät so wieder in den allgemeinen Kreislauf der Natur: »Wobey noch das merckwürdigste ist, daß dieses Grund-Wesen eine offenbar beweislich allgemeine Gleichheit, in allen diesen dreyen Reichen dergestalt habe und halte, daß es unmittelbarer Weise, und ohne die allergeringste Schwerigkeit, ja augenblicklich, aus dem vegetabilischen und animalischen, in das mineralische und metallische Wesen über- und eingehet« (ebd., S. 83). Das ist einer seiner für die Zukunft wichtigsten Gedanken, der schon bei Becher angeklungen war und der in der Allgemeingültigkeit des Verbrennungsprinzips die Allgemeingültigkeit des Sauerstoffs in allen drei Reichen der Natur vorbereitet, in den Mineralien, Vegetabilien und Animalien.

Stahl begründet das mit einem Kreislauf: Die Pflanzen erhal-

Abbildung 15: Chemisches Labor Mitte des 18. Jahrhunderts. Kupferstich. Die Geräte fanden zum großen Teil auch in den Probierstuben der Metallhütten Verwendung.

ten ihre gesamten Nährstoffe aus der Erde, die Tiere ernähren sich von ihnen, selbst die Fleischfresser ergötzen sich lieber an solchen, die mit Körnern und Gras gefüttert werden, als an den anderen, die auch Fleisch fressen. Der eigentliche Unterschied in der Wirksamkeit des Phlogistons besteht nicht zwischen den drei Reichen, sondern in einer Disposition der Grundmaterie zu Entzündbarkeit und feuriger Bewegung. Je beweglicher die Teilchen der Grundmaterie, desto empfänglicher für das Phlogiston, am leichtesten also bei den »wässerichten corpuscula, wenn sehr subtile irdische zugleich dazwischen stecken«, am schwersten bei den dichten und unbeweglichen Aggregationen von Korpuskeln.

Die Vorzüge von Stahls Konzept der »Brennlichkeit« gegenüber der Auffassung von brennbar als »blosse Qualität« des Stoffes, der vom Feuer ergriffen wird, wie das seit Aristoteles gemacht wurde, werden dann deutlich, wenn man zu erklären versucht, so Stahl, »wie nicht nur das Feuer, sondern auch Nitrum (Salpeter) denen Metallen die Brennlichkeit benehme« (Grund-Mixtion, S. 191). Der Salpeter übt denselben Effekt aus wie das Feuer und verwandelt Metalle in Metallkalke, in Metalloxide nach heutiger Nomenklatur. »Die Brennlichkeit benehmen« soll heißen, dass die Metalle durch den Salpeter ihre Brennbarkeit, d.h. ihr Phlogiston *verlieren* bis sie in Metallkalk umgewandelt sind. Tatsächlich aber wird bei trockenem Erhitzen der Sauerstoff des Salpeters frei (z.B. Natriumsalpeter, $NaNO_3$) und verbindet sich mit dem Metall zu Metalloxid = Metallkalk. Die Logik der Reaktion des Phlogiston ist also genau umgekehrt: Um zum Oxid zu werden, *verliert* das Metall den ›brennlichen‹ Stoff, während es tatsächlich Sauerstoff *gewinnt*. Um das Metall aus Metallkalk wiederzugewinnen, muss ihm nach Stahl erneut Phlogiston z.B. durch Kohleverbrennung zugeführt werden. Dann verliert die Kohle Phlogiston an den Metallkalk und wird zur Schlacke, und der Metallkalk wird wieder Metall. Oxidation und Reduktion sind so einigermaßen praktikabel, aber mit einer seitenverkehrten Gewinn- und Verlustrechnung beschrieben.

Das Phlogiston war jedenfalls ein Körper, ein nicht direkt nachweisbarer, aber an seinen Wirkungen zu erkennender Körper. Darin unterscheidet er sich fundamental von den Qualitäten warm-kalt und feucht-trocken des Aristoteles. Man sollte meinen, dass sich Stahl mit diesem Konzept völlig von dieser seit 2000 Jahren herrschenden Theorie befreien konnte. Das konnte er nicht. Wenn er erklären will, warum trockene Stoffe besser brennen als feuchte, fällt er ganz unbewusst wieder in das alte Schema zurück. Sein trockenes und irdisches »feuerfähige Prinzipium«, sagt er, entferne auch die Wässerigkeit aus den Mischungen und deshalb sei es leicht zu begreifen, »warum es sich mit Cörpern, in welchen sich die Wäßrichkeit schon hat ergeben müssen, viel eher vereinbahret« (ebd., S. 197). Das ist eine Diktion, die ihre scholastischen Wurzeln nicht verleugnen kann: Die trockene Qualität belagert die feuchte so lange, bis sie diese besiegt hat und sich an ihre Stelle setzen kann. Der Gegensatz von trocken und feucht ist aufgehoben, und das trockene Feuer kann seinen Siegeszug fortsetzen.

Die Phlogistontheorie war 50 Jahre lang sehr erfolgreich. Ihr Wirkprinzip konnte in einer Zeit einer nur halb quantitativen Chemie in den Reaktionen verfolgt werden. Und es war ein Stachel eingebaut. Stahl hatte gesagt, das Phlogiston sei als freie Substanz so fein, dass es wahrscheinlich nie nachzuweisen wäre. Das stimmte so lange, als es noch nicht möglich war, Gase einzufangen, ihr Gewicht und ihre Eigenschaften zu bestimmen. Genau darin hat das 18. Jahrhundert Riesenfortschritte gemacht (Abbildung 16). Einer von denjenigen, die die experimentellen Methoden der Gasbestimmung vorangetrieben haben, der Apotheker Carl Wilhelm Scheele, entdeckte damit die »Feuerluft«, den später so genannten Sauerstoff, und hielt doch am »einfachen« Prinzip des Brennbaren, am nicht nachweisbaren Phlogiston als »wahrem Element« fest. Für ein kurzes Interregnum zwischen Phlogiston und Sauerstoff wird das Feuer luftig, obwohl es seine irdischen Wurzeln behält. Das lebendige Bild des flackernden Feuers mit seinen zuckenden Flammen, seinem zarten Rauch, seinem launenhaften Licht und seiner prasselnden Hitze passte besser zu einer brennbaren Substanz, die im Entweichen die Materie subtilisiert und Asche zurück lässt, als zu einem Sauerstoff, der aus der Luft hinzutreten soll, um in der Materie zu verschwinden und sie zu beschweren. Das Phlogiston sollte zwar schon nicht mehr »das Feuer selbst« sein, wie Stahl betont hatte, aber dieses »Brennliche« blieb doch noch sehr an der Oberfläche des Bildes haften, das man sich seit Menschen Gedenken vom Feuer gemacht hat – »Feuer entstehe – Holz vergehe« (Aristoteles, Vom Werden und Vergehen, S. 237).

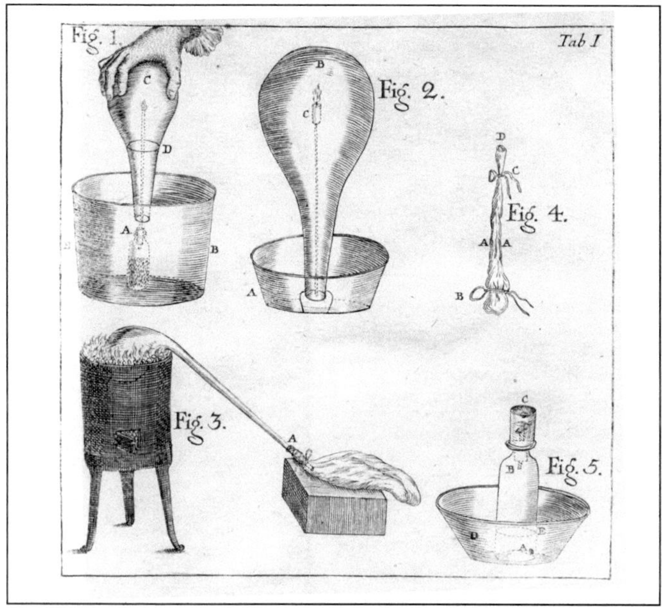

Abbildung 16: Die Luftchemie Scheeles. Vorrichtungen zum Einfangen freiwerdender Gase.

Auf der Suche nach der Wahrheit hinter dem Bild beschritt Stahl ganz andere Wege als Platon. Nicht a priori, sondern nur a posteriori will er sich ein Konzept vom Feuer machen und richtige Benennungen finden. Er denunziert den spekulativen Gebrauch der Mathematik und die Teilung der Materie bis ins Unendliche als mathematische Grille und erkennt, dass die feststehenden Qualitäten der Grundelemente Feuer, Luft, Wasser, Erde den Beobachtungen unterschiedlicher Aggregatzustände widersprechen. Wenn Stahl auf seine Weise spekuliert, kommen immer chemische Verarbeitungsprozesse in der Metallurgie, in der Brauerei, bei der Salpeterherstellung mit ins Spiel. Diese sind sein empirischer Kontrollrahmen, seine experimentelle Basis, sein a posteriori, sein methodisches Credo. Er argumentiert mit diesem qualitativen industriellen Prozess, dessen quantitativen Ausstoß er zur Hebung des Reichtums des Landes vemehren will. Das sind nicht mehr Gedankenspiele einer angeblich göttlichen oder einer quasi göttlichen menschlichen Vernunft, also weder Platon noch Descartes, sondern selbstbewusste Theorieversuche eines Praktikers mit dem Ziel, die Praxis zu verbessern. Aufmüpfig gegen alle althergebrachten Theoreien und robust in seiner Wortwahl verschafft sich Stahl den Raum, den er dafür braucht.

Literatur

Aristoteles, Vom Werden und Vergehen. Paderborn 1958.

– Meteorologie. Darmstadt 1970.

Johann Samuel Traugott Gehler, Physicalisches Wörterbuch. Leipzig 1788-1792.

Pierre Joseph Macquer, Elemens de Chymie-Théorique. Paris 1756.

Hélène Metzger, Newton, Stahl, Boerhaave et la Doctrine Chimique. Paris 1930.

Olaf Pedersen, Early Physics and Astronomy. A Historical Introduction. Cambridge University Press 1993.

Robert Ranke-Graves, Griechische Mythologie. Hamburg 1960.

Carl Wilhelm Scheele, Chemische Abhandlung von Luft und Feuer, nebst einem Vorbericht von Torbern Bergmann. 2. Auflage Leipzig 1782 (1. Auflage 1777).

Georg Ernst Stahl, Einleitung zur Grund-Mixtion derer unterirrdischen mineralischen und metallischen Cörper. Alles mit gründlichen Rationibus, Demonstrationibus und Experimentis nach denen Becherischen Principiis ausgeführet. Leipzig 1744 (und 1720). Übersetzung des lateinischen Orginals der Einführung zu J.J. Becher, Physica subterranea unter dem Titel »Specimen Becherianum, fundamentorum, documetorum, experimentorum subjunxit«. Leipzig 1703 und 1738.

– Zufällige Gedancken und nützliche Bedencken über den Streit von dem so genannten Sulphure, und zwar sowol dem gemeinen, verbrennlichen, oder flüchtigen, als unverbrennlichen, oder fixen. Halle 1747.

– Zymotechnia fundamentalis seu fermentationis theoria generalis. Halle 1697. dt.: Zymotechnia fundamentalis oder Allgemeine Grunderkenntnis der Gärungskunst. Frankfurt/Leipzig 1734. Stettin/Leipzig 1748.

Irene Strube, Georg Ernst Stahl. Biographie. Leipzig 1984.

Otto Zekert, Carl Wilhelm Scheele, Leben und Werk. Stuttgart 1963.

Yukawa

Abbildung 17: Hideki Yukawa (1907 bis 1981).

Yukawa
Das Meson und die Realität virtueller Teilchen

Zwanzig Jahre, nachdem der japanische Physiker Hideki Yukawa mit dem Meson 1935 ein hypothetisches Teilchen postuliert hatte, das für den Zusammenhalt im Atomkern verantwortlich sein sollte, erzählte er eine Parabel des chinesischen Philosophen Chuang-tse aus dem 4. Jahrhundert v. Chr. als Metapher für wissenschaftliches Arbeiten. Er hielt »Die Freude der Fische« für einen »indirekten Kommentar zur Frage von Rationalismus und Empirismus«; eine Einschätzung, die einen Einblick in Yukawas Denkweise erlaubt. Die Parabel wird hier in ihren ursprünglichen Redewendungen in einer etwas von Yukawa abweichenden Form nach der englischen Übersetzung von Watson widergegeben:

Chuang-tse und Hui Shih gingen eines Tages auf dem Damm des Ho-Wasserfalls spazieren, und Chuang-tse sagte:

»Schau doch, wie die Fische an die Oberfläche kommen und herumschnellen, wo es ihnen gefällt! Das ist es, was Fischen wirklich Freude macht!«

Hui Shih sagte, »Du bist kein Fisch – wie willst Du wissen, was Fischen Freude macht?«

Chuang-tse sagte, »Du bist nicht ich, wie willst Du also wissen, ich wüsste nicht, was Fischen Freude macht?«

Hui Shih sagte, »Ich bin nicht Du, deshalb weiß ich bestimmt nicht, was Du weißt. Andererseits bist Du kein Fisch – das beweist doch, dass Du nicht weißt, was Fischen Freude macht!«

Chuang-tse sagte, »Wir sollten bitte auf unsere Ausgangsfrage zurückkommen. Du fragtest mich, woher ich weiß, was Fischen Freude macht – deshalb wusstest Du schon, dass ich es wusste, als Du mir die Frage stelltest. Ich weiß es, weil ich hier neben dem Ho stehe.«

Die Logik, mit der Hui Schih argumentiert, bezeichnet Yukawa als wissenschaftlich, weil er nur von dem spricht, was man wissen kann. Die Logik des Chuang-tse, der von dem spricht, was es gibt, ohne dass er es beweisen kann, ist Yukawa aber sympathischer, obwohl er selbst Wissenschaftler ist. Aber er ist eben ein Wissenschaftler, der ein Teilchen postuliert hat, dessen Existenz er auch nicht beweisen konnte, obwohl er sich sicher war, dass es das Meson geben musste. Die Wissenschaft, sagt er in Anspielung auf die Freude der Fische, bewege sich irgendwie zwischen zwei Extremen, zwischen der Auffassung, die nichts glaubt, was nicht bewiesen werden kann, und der Auffassung, die von allem, was nicht bewiesen werden kann, so spricht, als sei es nicht existent oder als hätte es sich nie ereignet. In dieser Beweisnot steckte die blutjunge Atomphysik zu Anfang des 20. Jahrhunderts, als sie noch versuchte, den neuen Phänomenen mit den alten Prinzipien von Ursache und Wirkung beizukommen.

Friedrich Nietzsche schien dieses Dilemma der kommenden Physik schon 1882 und noch unter der bereits wankenden Herrschaft der Newton'schen Physik geahnt zu haben, als er es in seiner »Fröhlichen Wissenschaft« ablehnte, aus dem Kontinuum der Wirklichkeit ein paar Stücke zu isolieren. Alles sei im Fluss, deshalb würden wir, wenn wir eine Bewegung immer nur als isolierte Punkte wahrnehmen, sie »eigentlich nicht sehen, sondern erschließen«. Deshalb sei die Plötzlichkeit, mit der sich viele Wirkungen abheben, irreführend. »Es ist aber nur eine Plötzlichkeit für uns. Es gibt eine unendliche Menge von Vorgängen in dieser Sekunde der Plötzlichkeit, die uns entgehen« (Fröhliche Wissenschaft, S. 112).

Das genau ist das Problem der Physik, das sich mit der Atomphysik verschärft. Dort entscheidet der Wissenschaftler nicht nur über die Sekunde der Plötzlichkeit, in der er messen will, sondern auch darüber, ob er den Impuls oder den Ort eines Teilchens bestimmen will. Mit der Bestimmung des Impulses zerstört er die Möglichkeit einer Ortsbestimmung, und wenn er den Ort wissen will, kann er über den Impuls keine Aussagen mehr treffen. Jede Messung an atomaren Strukturen verändert den Zustand der Teilchen zum Zeitpunkt der Messung. Vor und nach der Messung kennt man das Teilchen nicht, und zum Zeitpunkt der Messung nur mit einer gewissen Wahrscheinlichkeit. Der Atomphysiker misst Zustände und rechnet mit Wahrscheinlichkeiten. Die deterministische Ursache-Wirkungs-Beziehung der Newton'schen Physik ist bei den winzigen Dimensionen in der Nähe des Planck'schen Wirkungsquantums h von 4,2 billiardstel Elektronenvolt mal Sekunde nicht mehr anwendbar. Auch nicht bei einer Lebensdauer von Teilchen, die trotz eines Bruchteils einer Eins mit 23 Nullen einer Sekunde von den Atomphysikern noch als »stabil« bezeichnet werden.

Einstein wird als Resumée der ersten von dem belgischen Industriellen Solvay organiserten Konferenz von Physikern 1911 in Brüssel sagen, die Stimmung unter den Physikern sei »einer Wehklage auf den Trümmern Jerusalems ähnlich«. Inzwischen waren Zeit und Raum relativiert, das antike Phantom ›Atom‹ dingfest gemacht, Strahlen entdeckt, die Körper durchschlugen, und Photonen, die der geglaubten Wellennatur des Lichts Hohn sprachen. Das Kontinuum, über das sich die Philosophen seit Aristoteles zweitausend Jahre lang den Kopf zerbrochen hatten, endete in quantisierten Energiepaketen, die die Physiker Teilchen nannten und denen sie in einem abstrakten Zustands»raum« Zahlenwerte ihrer Eigenschaften anklebten.

Yukawa standen diese von dem englischen theoretischen Physiker Paul Adrien Maurice Dirac in der zweiten Hälfte der zwanziger Jahre eingeführten Quantenvariablen oder »q-Zahlen« schon zur Verfügung. Die Quantenzahlen sind seltsame Gebilde. Man kann nicht einmal sagen, ob eine Zahl größer ist als eine andere, aber trotzdem kann man mit ihnen addieren und multiplizieren – eine Algebra, die auf die Zustandsbeschreibung von Teilchen in einem Raum zugeschnitten ist, der keiner ist. In diesen Größenordnungen gelten nicht mehr die Newtonschen Begriffe der Lage, Geschwindigkeit und Beschleunigung, die ein freies Teilchen kennzeichnen, sondern nur noch die beobachtbaren Merkmale des Atoms: Energie, stationäre Zustände und die Wahrscheinlichkeit für den Übergang von einem Zustand in den anderen. Das ist die Quantenmechanik, von deren Ergebnissen »niemand weiß, wieso es so sein kann, wie es ist«, wie dies der Nobelpreisträger für Physik, Richard P. Feynman 1967 sagte und dabei immer wieder betonte, dass er eigentlich nicht verstehe und nicht erklären könne. Er verstehe nicht den tieferen Sinn, Zahlen in einem abstrakten Raum zuzuordnen. Es sei ein mathematischer Trick der Idealisierungen, und es sei »das Herrliche der Mathematik, *dass wir nicht sagen müssen, wovon wir reden«*, schreibt er in seinen Vorlesungen über Physik (Bd. I, Kap. 12). In der Physik müsse man zwar sagen, wovon man rede, aber in der Kernphysik, die sich in einer Größenordnung von 10^{-13} cm abspielt, bleibe denoch der Ursprung der Kernkräfte verborgen, trotz inzwischen zahlreicher »fremder Teilchen«.

Die Quantentheorie hatte in den zwanziger Jahren ihre ersten großen systematischen Erfolge mit der Quantisierung des elektromagnetischen Feldes (Quantenelektrodynamik), die erstmals anhand von Elektron und Photon das Prinzip der Wechselwirkung von Teilchen im gegenseitigen Energieaustausch formulierte, und der Teilchen-Antiteilchentheorie, die zur theoretischen Vorhersage des dann 1932 gefundenen positiv geladenen Elektrons, des Positrons, geführt hatte. Aber diese Theorien standen alle noch auf schwachen, experimentell wenig gesicherten Beinen. Vor allem war ein entscheidendes Problem ungelöst: Wie wurden die seit 1911 bekannten positiv geladenen Protonen des Atomkerns, die der schottische Chemiker und Mediziner Daniel Rutherford nach Beschuss von Goldfolien mit Alphastrahlen entdeckt hatte, im Kern zusammengehalten? Als gleich geladene Teilchen müssten sie sich abstoßen. Und sie liegen im Kern so dicht beieinander, dass ungeheure Kräfte sie eigentlich in alle Richtungen auseinandertreiben und den Atomkern zerstören müssten. Zu Beginn dachte man an negativ geladene Elektronen als Gegenspieler und Neutralisierer der positiv geladenen Protonen im Kern und favorisierte ein Atommodell von Thomson, bei dem das Atom aus einer diffus verteilten positiven elektrischen

Ladung bestand, »in dem die Elektronen wie Weinbeeren in einen Pudding eingelagert waren« (Emilio Segrè). Aber seit der Entdeckung der Neutronen war nach den Regeln der Quantenelektrodynamik klar, dass es Elektronen im Kern nicht geben konnte.

Obwohl es Rutherford schon 1919 gelungen war, mit Alphateilchen einen Stickstoffkern zu spalten und ein Wasserstoffatom herauszuschlagen, erfolgte der Übergang von der Erforschung der Atomhülle mit ihren Elektronen und den von ihnen bei Bahnwechsel emittierten Photonen als Träger der elektromagnetischen Energie auf die systematische Untersuchung des Atomkerns erst Anfang der 30er Jahre. Seit 1932 war man sich der Existenz der Neutronen sicher. Das Atom bestand jetzt aus den Protonen und Neutronen des Kerns und den sie auf einer oder mehreren Bahnen in großem Abstand umkreisenden Elektronen: das Elektronenmodell von Max Born. Das Größenverhältnis von Kern zu Elektronenbahnen war rund eins zu zehn- bis hunderttausend, d.h., dass es von nun an um wesentlich kleinere und sehr viel energiereichere Strukturen ging, an denen Untersuchungen durchgeführt werden mussten. Zwar gab es bereits ein Zyklotron, einen Teilchenbeschleuniger in Berkley/Kalifornien, aber die damit erreichten Energien waren immer noch viel zu gering, um Aufschluss über die Kräfte zu gewinnen, die den Kern zusammenhalten. Die wichtigste Quelle hochenergetischer Teilchen blieb bis zum Ende des Zweiten Weltkrieges die kosmische Strahlung, »ein Geschenk des Himmels aus einem dünnen Regen geladener Teilchen« (Powell). Sie konnten in Nebelkammern und später sogar auf Fotoplatten eingefangen werden. Dort wurde 1947 von Cecil Frank Powell das freie Pi-Meson gefunden, das der japanische Physiker Hideki Yukawa 1935 als Träger der starken Kernkraft theoretisch postuliert hatte. Powell und Yukawa haben dafür 1949 den Nobelpreis erhalten.

Wie der Kern mit seinen positiv geladenen Protonen zusammengehalten wird, war das Problem, dem sich Yukawa stellte. Er wollte den Ausdruck und den Träger für eine Kraft finden, die bei den extrem kurzen Distanzen im Atomkern sehr groß sein musste, die aber an den Außengrenzen des Kerns praktisch sofort auf Null abzufallen hatte. Er hatte das Problem ohne experimentelle Hilfsmittel zu lösen und begann daher mit einer Analogie zu Bekanntem. Als Vorbild, wie Kräfte auf geladene Teilchen abhängig von ihrem Abstand zueinander wirken, konnte das schon seit 150 Jahren bekannte Gesetz von Charles Auguste de Coulomb gelten. Danach hängt die in die Umgebung wirksame Kraft einer elektrischen Punktladung vom Quadrat der Entfernung ab ($1/r^2$), d. h., sie wird mit zunehmender Entfernung schwächer, ohne je ganz zu verschwinden. Ein weiterer Denkansatz war Einsteins Lichtquantenhypothese von 1905 und die Theorie des lichtelektrischen Effekts von 1907. Seither wusste man, dass der Träger der elektromagnetischen Kraft das Photon ist, das aus der Wechselwirkung mit Elektronen entsteht. Das war Yukawas Spielmaterial, und es brachte ihn auf die Idee, dass es analog zur Wechselwirkung des Elektrons mit dem Photon auch für die geforderte starke Kernkraft eine durch ein Teilchen vermittelte Wechselwirkung zwischen den Protonen gibt. Deren Kraft dürfte allerdings nur auf die minimale Entfernungen zwischen den Nukleonen, den Protonen und Neutronen, wirksam sein und müsste darüber hinaus Null betragen.

Wenn Teilchen wechselwirken ist erst *zusätzliche* Energie erforderlich, um den Austausch in Gang zu bringen, die jedoch sofort wieder gebunden wird, wenn das Austauschteilchen eingefangen ist. Der Energieaustausch im Kern bleibt so für das energetische Gesamtsystem bei den engen Distanzen zwischen den Protonen und Neutronen des Kerns unbemerkt. Unbemerkt bedeutet, dass die Energie des Gesamtsystems erhalten bleibt, obwohl für einen extrem kurzen Zeitraum Energie ausgetauscht wird. Photonen z. B. existieren gerade mal 10^{-15} Sekunden, sie oszillieren mit dem Elektron, indem sie ständig entstehen und vergehen. Erst wenn ihnen durch den Sprung des Elektrons auf eine dem Atomkern nähere Bahn zusätzliche Energie mitgeteilt wird, entkommen sie der oszillierenden Wolke und ihrer virtuellen Existenz, die sie dem Elektron verdanken, und tauchen als freie Photonen in ihrer Wirklichkeit als Träger der elektrischen Kraft auf. Die Reichweite dieser Kraft, wie jeder anderen auch, hängt aber umgekehrt proportional von ihrer Masse ab, d.h. je größer diese Masse, desto geringer die Reichweite der von ihr ausgehenden Kraft. Da Photonen keinerlei Ruhemasse haben, ist ihre Reichweite theoretisch unendlich, so wie das aus der oben genannten Coulombkraft der elektromagnetischen Wechselwirkung zu erwarten war und wie wir das z.B. von den Radiowellen kennen. Für den Atomkern, dessen Größe mit ca. 10^{-13} cm bekannt war und daher auch die maximal mögliche anzunehmende Reichweite, kamen also nur Teilchen mit einer relativ großen Masse in Frage. Die Elektronen, die in den alten Atommodellen noch die Rolle des Protonenneutralisierers spielten, waren somit als Kandidaten ausgeschieden. Ihre Masse ist zu gering.

Yukawa musste also für seine Spekulation berechnen, wie groß die Masse des wechselwirkenden Teilchens zu sein hatte, das den Zusammenhalt der Protonen und Neutronen des Kerns bewirkt. Die von Yukawa erwartete Masse des Austauschteilchens sollte zwischen dem 200- und 300fachen des Elektrons liegen (die drei dann später nachgewiesenen Pi-Mesonen (Pionen) hatten das 264- bzw. 273fache der Elektronenmasse). Ihre Reichweite war mit dieser Masse nur wenig größer als der Radius des Protons und stellte sicher, dass immer nur die eng beieinander liegenden Nukleonen wechselwirken. Dieser Austausch vermittelt die starke Kernkraft und hält den Kern zusammen.

Wegen der hohen Ruhemasse des Mesons und der winzigen Dauer dieses Austausches ist die Wechselwirkung zwischen den Nukleonen im Atomkern prinzipiell nicht nachweisbar. Die Mesonen sind daher wie die Photonen Phantome fluktuierender Energien, die die Protonen wie eine Wolke umgeben, virtuell und doch real. Virtuell deshalb, weil die Wechselwirkung selbst niemals direkt festgestellt, sondern nur aus den Anfangs- und Endbedingungen der Zustände der Protonen und Neutronen, die die Quantentheorie beschreibt und den Experimenten vorschreibt, erschlossen werden kann. Real sind sie, weil sie durch Aufnahme von Energie in der Wirklichkeit auftauchen und in hochenergetischen Prozessen wie der kosmischen Strahlung oder in Teilchenbeschleunigern nachgewiesen werden können. Sie sind aber auch real als virtuelle Teilchen, weil sie in der Theorie, schon bevor sie auftauchen, genau die Eigenschaften aufweisen, die sie haben müssen, damit sie überhaupt auftauchen können. Ohne die von ihnen vermittelte starke Kernkraft würde der Atomkern auseinanderfliegen. Yukawas Meson war also zum Zeitpunkt seiner theoretischen Beschreibung in einer doppelten Blackbox versteckt: in seiner Aktion im Atomkern prinzipiell nicht und als freies Teilchen experimentell noch nicht nachweisbar. Das Meson verdankt seine erste Existenz einer phantasievollen, auf Analogieschlüssen beruhenden Gedankenarbeit.

1964 hat Yukawa mit nostalgischer Wehmut und Blick auf die zeitgenössische Entwicklung der Kernphysik einen großen Verlust bedauert, mit dem er sich nicht abfinden konnte: das Zusammenspiel von Intuition und Abstraktion als Geburtshelfer für neue Ideen. Er beklagte den technischen Automatismus, der in der Grundlagenphysik Einzug gehalten hatte. Sie versuche hauptsächlich, von einem Beschleuniger die größtmögliche Menge von Daten zu erhalten, stecke sie zur Analyse in einen superschnellen Computer und vergleiche die Ergebnisse mit theoretischen Formeln. Damit sei die Kraft zur Vorhersage verloren gegangen und die theoretische Physik auf die Beschreibung dessen reduziert, was empirisch schon bekannt ist. So maschinell und »antiromantisch« versteht Yukawa die Wahrheitssuche in der Natur nicht: »Ich glaube fest daran, dass die kühne Einbildungskraft des Menschen bei den Anstrengungen, die grundlegenden Wahrheiten in der Natur zu enthüllen, mindestens so wichtig ist wie die großen Maschinen« (Creativity and Intuition, S. 108). Er hatte ja vorgemacht, wie es geht. Und er gehört zu den wenigen Wissenschaftlern seines Faches, die auch wissen wollten, *wie* der Mensch auf neue Ideen kommt, vor allem, weil er selbst während seiner 40-jährigen Berufskarriere nur sehr selten welche gehabt habe, obwohl ihm das ganze Instrumentarium wissenschaftlichen

Arbeitens und die Methoden der Induktion und Deduktion wohl vertraut gewesen seien.

In der Geschichte der Naturwissenschaften wurde Yukawa fündig. In Griechenland, Israel, Indien und China war seit zweitausend Jahren ausgiebig Gebrauch von Analogien und Metaphern gemacht worden, nicht nur um andere zu überzeugen, sondern auch, »um Wahrheiten herauszufinden, die ihnen bis dahin selbst unbekannt gewesen sind« (ebd., S. 114). Es ging um Ähnlichkeiten aus der sichtbaren Welt mit der spekulierten Struktur der unsichtbaren. So haben Demokrit und Leukipp bei ihren Atomen an Bälle gedacht, wovon Dalton und Boltzmann noch im 19. Jahrhundert profitierten. Rutherford verglich sein Atommodell mit dem Sonnensystem.

Bei Rutherford zeigen sich aber schnell die Grenzen für die Annahme von Ähnlichkeiten. »In diesem Stadium muss das analoge Denken einen völlig neuen Charakter bekommen, d. h. die zusätzliche Anerkennung von Unähnlichkeit, die neben die Ähnlichkeit zu liegen kommt. Ein Atom mit seinem Kern im Zentrum und einer Anzahl von Elektronen, die ihn umkreisen, kann nicht einfach ein Miniaturmodell des Sonnensystems sein, weil die Elektronen andauernd durch Lichtemission Energie verlieren, bis das ganze Atom in einer vergleichsweisen kurzen Zeit kollabiert. Deshalb kann das Atom im Gegensatz zum Sonnensystem überhaupt nicht stabil sein, es sei denn, es wäre mit irgendeiner Eigenschaft ausgestattet, die den gewöhnlichen materiellen Körpern des menschlichen Maßstabs zuwider läuft« (ebd., S. 114).

Solange Licht einfach als elektromagnetische Welle angesehen wurde, war Rutherfords Modell ein Problem. Erst als Niels Bohr die Quantentheorie Max Plancks auf das Elektron anwandte, konnte erklärt werden, wie die Elektronen durch sprunghaften Bahnwechsel Photonen aussenden und Licht emittieren. Yukawa will an diesem Beispiel zeigen, »dass analoges Denken fruchtbarer wird, wenn sowohl die Ähnlichkeit als auch die Unähnlichkeit zweier Dinge klar erkannt werden« (ebd., S. 115). Er fühlt sich selbst als einer, dem beim analogen Denken vor allem die Unähnlichkeiten weitergeholfen haben, als er für den Zusammenhalt des Atomkerns zuerst an die elektromagnetische Kraft gedacht hat, aber sich bald bewusst wurde, dass Kernkraft und elektromagnetische Kraft einander nicht einfach gleich sind. »Folglich war die dann erreichte Theorie auf eine gewisse Ähnlichkeit mit der Quantentheorie des elektromagnetischen Feldes ausgerichtet, aber in einigen Aspekten von ihr verschieden« (ebd., S. 116).

Die Fähigkeiten zur Identifikation von Dingen und zur ihrer Unterscheidung werden in der Kindheit gelegt. Yukawa nennt das ein »Wiedererkennen von Mustern«. Mit ihm betreiben wir Geometrie, mit ihm erkennen wir z. B. die Deckungsgleichheit von Dreiecken. Die Logik kommt erst danach. »Der Mensch muss mit Intuition oder Imagination beginnen, und kann dann Kraft ihrer Hilfe zur Abstraktion fortschreiten«. Das fruchtbare Denken springt dauernd zwischen Abstraktion und Intuition hin und her, es braucht Bilder, um weiter zu kommen. »Tatsache ist, dass Abstraktion nicht durch sich selbst, durch seine eigene Natur, arbeiten kann. Man muss etwas von etwas anderem abstrahieren, das konkreter und inhaltsreicher ist« (ebd., S. 119).

Vor allem aber muss man für jede größere Schöpfung schon gedanklich den vorgegebenen Rahmen verlassen oder den ganzen Rahmen ändern – der Gewohnheit entkommen und mit sich selbst kämpfen.

Literatur

Richard P. Feynman, Vorlesungen über Physik. München, Wien 1992.

– Vom Wesen physikalischer Gesetze. München 1990.

Tony Hey und Patrick Walters, Das Quantenuniversum. Die Welt der Wellen und Teilchen. Heidelberg 1998.

Dieter Hoffmann, Max Planck. Die Entstehung der modernen Physik. München 2008.

Johann Müller, Lehrbuch der Physik und Meteorologie. 5. Aufl., Braunschweig 1857.

Wolfgang Neuser und Katharina Neuser von Oettingen (Hg.), Quantenphilosophie. Heidelberg 1996.

Friedrich Nietzsche, Die fröhliche Wissenschaft. Frankfurt am Main 1982.

Max Planck, Vorlesungen über die Theorie der Wärmestrahlung. 3. Aufl., Leipzig 1919.

– Vorträge und Erinnerungen. 5. Aufl der »Wege zur physikalischen Erkenntnis«. Stuttgart 1949.

Cecil F. Powell, The cosmic radiation. Nobel Lecture, December 11, 1950. PDF-Online.

Ilse Rosenthal-Schneider, Begegnungen mit Einstein, von Laue und Planck. Braunschweig 1988.

Paul Arthur Schilpp (Hg.) Albert Einstein als Philosoph und Naturforscher. Eine Auswahl. Braunschweig 1983.

Emilio Segrè, Die großen Physiker und ihre Entdeckungen. Von den Röntgenstrahlen zu den Quarks. München, Zürich 1981.

Károly Simonyi, Kulturgeschichte der Physik. Thun, Frankfurt am Main 1990.

Hideki Yukawa, Creativity and Intuition. A Physicist Looks at East and West. Tokyo, New York, San Francisco 1973 (Zitate eigene Übersetzung).

Anton Zeilinger, Einsteins Schleier. Die neue Welt der Quantenphysik. München 2003.

Nachwort

Abbildung 18: Bellephoron und die Chimäre. Ursprünglich war die Chimäre bei den Hethitern das Symbol des dreigeteilten Heiligen Jahres: Der Löwe war das Symbol des Frühlings, die Ziege des Sommers und die Schlange das des Winters. Bellephoron war bei den Griechen ein Enkel des Sysiphos, wurde fälschlicherweise der Vergewaltigung einer Königstochter beschuldigt und deshalb in den aussichtslos scheinenden Kampf gegen die Chimäre geschickt. Er zähmte jedoch das geflügelte Pferd Pegasos und schoss von oben mit Pfeilen und warf einen Speer mit Blei in den feurigen Atem der Chimäre, das schmolz und ihre Eingeweide verbrannte. Voltaire hatte mit seinem Angriff gegen Descartes diese phantastische Mythenwelt der Antike im Blick, die zu seiner Zeit weiten Kreisen geläufig war.

Wenn wir Götter wären, könnten wir etwas über die ersten Ursachen wissen, meinte Voltaire. Als Menschen bliebe uns daher nur, »zu rechnen, zu messen und zu beobachten«, fast alles übrige der Naturphilosophie sei »chimère«, ein Hirngespinst, wie das Feuer schnaubende Ungeheuer Homers, vorne Löwe, in der Mitte Ziege und hinten Schlange. Mit solchen kraftvollen Hirngespinsten habe ich mich hier beschäftigt, und ich meine, dass Voltaire nicht nur aus seiner Zeit heraus, sondern grundsätzlich nicht recht hatte, gerade weil er von der Physik erwartete, dass sie alle Wirkungen der Materie vorherzusagen habe.

Wer rechnet, misst und beobachtet, muss wissen, was er rechnen, messen und beobachten will. Er braucht eine Idee, eine Theorie, die in einer »gewissen, von vorneherein nicht absehbaren Weise« über die direkten Messungen hinaus führt, wie Max Planck die Wirkung von Gedankenexperimenten beschreibt. Gedanken seien feiner als Atome und Elektronen, sie unterlägen nicht den Beschränkungen von Messinstrumenten, und ihre Abstraktionen seien für den Experimentator und den Theoretiker so unentbehrlich wie die reale Außenwelt (Die Physik im Kampf um die Weltanschauung, S. 294). Auch Einstein hat viel von Phantasieleistung, vom Spiel der Phantasie und dem schöpferischen Geist gesprochen, wenn er erklären wollte, wie die Physik zu dem geworden war, was sie ist. Es seien allesamt frei erfundene Ideen, die in den physikalischen Theorien stecken, sagte er, und »Versuche zur Ausbildung unseres Weltbildes und zur Herstellung eines Zusammenhangs zwischen diesem und dem weiten Reich der sinnlichen Wahrnehmungen. Der Grad der Brauchbarkeit unserer gedanklichen Spekulationen kann nur daran gemessen werden, ob und wie sie ihre Funktion als Bindeglieder erfüllen« (Die Evolution der Physik, S. 342).

Wege aus dem Labyrinth der beobachteten Gesetzmäßigkeiten müsse man finden und sich bemühen, die sinnlichen Wahrnehmungen zu ordnen und zu verstehen. Für diesen Schöpfungsprozess stellt Einstein sich vor, denkt er sich, nimmt an, geht mit den Intuitionen des gesunden Menschenverstands und von wechselnden Seiten die Probleme an, verfolgt einen Fingerzeig, beleuchtet bekannte Gesetzmäßigkeiten und rollt sie von einer neuen Seite auf, findet Analogien und ersinnt am laufenden Band idealisierte Gedankenexperimente. Einstein gibt einem ein Gefühl für den faszinierenden Balanceakt, den er im Kopf vollführt, für die Mühsal einer Bergbesteigung bei der Aufstellung einer neuen Theorie und für die Freude des »weitgespannten Rundblicks«, wenn die auf dem abenteuerlichen Aufstieg liegenden Hindernisse beseitigt sind. Dann kann er wie Kepler schwelgen, der sich da oben von den Sphärenklängen des Alls berauschen ließ und die Welt und alle ihre Teile überblickte, oder wie Planck, der beim Aufstieg die bereits erklommenen Gipfel von oben überschaut »und den gewonnenen Überblick für den weiteren Aufstieg verwertet« (Die Physik im Kampf um die Weltanschauung, S. 296).

Planck und Einstein betonen den beweglichen Geist, der sich der Realität bemächtigt, indem er sie im Kopf neu erfindet. Keiner der beiden spricht von einer Vorherrschaft der Messung über die Idee, wie sie aus der Einlassung Voltaires gegen Descartes abzulesen ist. Hätte Descartes bei seinem Besuch in Italien Galilei konsultiert, so Voltaire, hätte er das Messen gelernt und wäre nicht in die Spekulation abgeglitten. Eine solche dogmatische Gegenüberstellung von Empirismus und Rationalismus ist Planck völlig fremd. »Der realen Außenwelt als Objekt steht der sie betrachtende ideale Geist als Subjekt gegenüber. Beide lassen sich nicht logisch deduzieren, und es ist daher auch nicht möglich, diejenigen, die sie ablehnen, ad absurdum zu führen« (ebd., S. 294). Beide Seiten spielten bei der Entwicklung der Wissenschaften eine entscheidende Rolle, wie die Geschichte beweise.

Wissenschaft findet dann statt und liefert nützliche Ergebnisse, wenn die Ideen an der Wirklichkeit abgemessen statt ihr übergestülpt werden. Ptolemäus hat mit Kreisen den unregelmäßigen Planetenlauf angenähert, Cusanus mit Dreiecken den Kreisumfang, Fracastorius mit Contagien den Infektionsverlauf, Stahl mit dem Phlogiston den Verbrennungsprozess und Yukawa mit dem Meson den Zusammenhalt des Atomkerns. Ihre Ergebnisse waren allesamt durchkonstruierte Entfaltungen einer Grundidee, eines spekulierten Zusammenhangs eines Prinzips mit den Erscheinungen der Natur. Diese Klammer hat ihre Spekulation beflügelt und die Richtung vorgegeben. Ohne sie wäre ihrem Kopf aus dem Sammelsurium widersprüchlicher Daten, rudimentärer Begriffe, konkurrierender Theorien, irregeleiteter Analogien und aufblitzender Fingerzeige niemals die Architektur eines wissenschaftlichen Systems oder die Formulierung eines Zusammenhangs unter den Naturerscheinungen entsprungen.

Bevor der spekulierende Geist wieder zu einer neuen Ordnung finden kann, befreit er sich aus vorgefundenen Zwängen, bricht aus Theorien aus, überfliegt das Vorhandene und zelebriert Experimente, die in der Realität niemals oder nur schwer zu verwirklichen wären. Ist er die Fesseln los, dann allerdings kreist er so ungebunden, wie ihn Heinrich Heine mit antiwissenschaftlicher Attitüde beschreibt:

> »Das Geistige in seiner ewigen Bewegung erlaubt kein Fixieren; ebensowenig wie durch die Zahl läßt es sich fixieren durch Linie, Dreieck, Viereck und Kreis. Der Gedanke kann weder gezählt noch gemessen werden« (Zur Geschichte der Religion und Philosophie in Deutschland, S. 480).

Aus der ewigen Bewegung alleine wird jedoch niemals Wissenschaft. Früher oder später müssen die Gedanken sich an den Realitäten messen und theoretisch einordnen lassen. Nur ein fixierter Geistesblitz kann dem Geist entkommen und Wirkungen entfalten.

Literatur

Albert Einstein, Leopold Infeld, Die Evolution der Physik. Wien 1950.

Heinrich Heine, Zur Geschichte der Religion und Philosophie in Deutschland. In: Sämtliche Werke III. München 1992.

Max Planck, Die Physik im Kampf um die Weltanschauung. In: Vorträge und Erinnerungen. 5. Auflage der »Wege zur physikalischen Erkenntnis«. Stuttgart 1949.

Voltaire, Dictionnaire philosophique, Cartesianisme (1770). Online.

Bildnachweise

Cover-Abbildung: Aus einem medizinischen Traktat des 14. Jahrhunderts. Das Gehirn besteht wie der antike und mittelalterliche Kosmos aus konzentrischen Kreisen. Abgedruckt in: Ubaldo Nicola, Bildatlas der Philosophie, Berlin 2007.

Abbildung 1 (S. 17)
Aus einer chronologisch-astronomischen Sammelhandschrift. Salzburg, um 820. Wien, Österreichische Nationalbibliothek, Cod. 387, fol. 123 r. Aus: Otto Mazal, Die Sternenwelt des Mittelalters, Wiesbaden 2001.

Abbildung 2 (S. 19)
Aus: Ubaldo Nicola, Bildatlas der Philosophie, Berlin 2007.

Abbildung 3 (S. 23)
Ausschnitt aus: Wikipedia.

Abbildung 4 (S. 28)
Aus: Ubaldo Nicola, Bildatlas der Philosophie, Berlin 2007.

Abbildungen 5 bis 8 (S. 29)
Ausschnitte aus: Károly Simonyi, Kulturgeschichte der Physik, Thun und Frankfurt am Main 1990.

Abbildung 9 (S. 34)
Aus: E.J. Dijksterhuis, Die Mechanisierung des Weltbildes, Berlin 1956.

Abbildung 10 (S. 35)
Aus: George Saliba, Der schwierige Weg von Ptolemäus zu Kopernikus. In: Astronomie vor Galilei, Spektrum der Wissenschaft Dossier 04/2006.

Abbildung 11 (S. 41)
Ausschnitt aus einem Altar des »Meisters des Marienlebens« um 1460, Kapelle des St. Nikolaus Hospitals Bernkastel-Kues.

Abbildung 12 (S. 47)
Aus: Ubaldo Nicola, Bildatlas der Philosophie, Berlin 2007.

Abbildung 13 (S. 59)
Aus: Wikipedia.

Abbildung 14 (S. 81)
Aus: Wikipedia.

Abbildung 15 (S. 90)
Aus: Karl Otto Henseling, Bronze, Eisen, Stahl. Hamburg 1981.

Abbildung 16 (S. 93)
Aus: Carl Wilhelm Scheele, Chemische Abhandlung von Luft und Feuer, Leipzig 1782.

Abbildung 17 (S. 97)
Aus: Wikipedia.

Abbildung 18 (S. 111)
Aus: (Pluche, N. A.) Histoire du ciel, où l'on recherche l'origine de l'idolatrie et les méprises de la philosophie, sur la formation des corps célestes, & de toute la nature (Geschichte des Himmels, in der der Ursprung des Götzendienstes und die Verachtung der Philosophie untersucht wird, über die Gestaltung der Himmelskörper und über die ganze Natur). Nouvelle édition. Paris 1757.

Der Autor

Helmut Veil, geb. 1943, war Allgemeinarzt in Frankfurt am Main und beschäftigt sich seit Jahrzehnten mit der Geschichte der Naturwissenschaften. Er untersucht die kulturellen und ideellen Voraussetzungen epochaler Gärungsprozesse der Naturerkenntnis, in denen sich festgefügte Erklärungsmuster zersetzen und neue noch nicht etabliert haben.

Bisher erschienen:
Von der Meteorologie der Sphären zum irdischen Vakuum. Wissenschaft und Religion im Barock. Ein intellektuelles Milieu – wiederbelebt aus Erasmus Franciscis Diskurs über die Luft. 384 Seiten, 51 Abbildungen, Frankfurt am Main 2009.